# 高效生活整理术

## ——规划整理专家的教科书

【日】主妇之友社　编

王菊　苏杏华　译

一般社团法人日本生活规划整理协会　监制

黑龙江科学技术出版社

不仅要把房间整理干净，
还要能够长久轻松地保持房间整洁

这就是：

# 生活规划整理（Life Organize）

不论收拾整理，还是丢弃杂物，干净一段时间之后房间又会变成老样子……

对于内心惧怕整理收纳的人来说，生活规划整理课程就是他们的福音。

"用这个方法就能成功！"

秘诀就在于，这是以美国的规划整理专业人士和专职规划整理师的操作手法为基础，总结出的适合东方人的改良方法。

无论什么人，都可以找到适合自己的收纳方法。

我们先来介绍一下这套理念的精髓。

## "整理思考方式"与"惯用脑"是关键词

明确价值观在生活规划整理的理念中被称为"整理思考方式"。具体的操作方法是：问问自己"我想要的是什么"等一系列问题。整理思考方式后，自己内心的优先顺序就能确定下来，决定物品的取舍和物品的配置时，就少了很多犹豫和困惑。

"惯用脑"，就像惯用手那样属于无意识中优先使用的大脑类型。左脑和右脑，输入和输出的排列组合可分为四种类型。通过确定"惯用脑"，我们可以了解自己的行为习惯。同时，通过确定家人的"惯用脑"，还可以搞清楚家人的行为习惯。对家人"为什么他（她）就是做不到呢"的不解和愤怒，我们也可以找到解决方法了。

## 无法把房间整理干净，原因在于方法不适合自己

把房间整理好后又变得杂乱不是因为东西太多，也不是因为没有物归原处，而是我们把杂志或电视里看到的"×××的有效方法"照搬到自己身上。只要找到适合自己的整理方法，房间就能保持整洁。

生活规划整理的理念是：认真思考，寻找适合自己的方法。为了实现这个目标，应该从明确自己的价值观开始。搞清楚"我到底喜欢什么""我到底在乎什么""我想过怎样的生活"以及自己的行为倾向（"惯用脑"），然后思考与之匹配的室内格局。以价值观为核心，你就可以一直保持愉悦。室内格局与行为倾向相匹配，你就可以轻轻松松行动起来。

＊日本生活规划整理协会（JALO）参考的"惯用脑"是基于京都大学名誉教授坂野登先生提倡的"行为惯用理论"，总结"惯用脑"的特征及对策并将其运用于整理收纳。

 乱糟糟

消除压力感

整洁
美观

## 消除压力感、整洁、美观循序渐进

生活规划管理的终极目标并不是"将空间整理干净",而是将整理变成习惯。即使房间被搞得乱七八糟也可以整理如初,生活发生变化也可以立刻针对现状做相应调整。规划整理的目标是:轻松搞定,容易维持房间整洁。

首先按照规划整理的步骤进行作业,空间凌乱带给你的压力感就消失了。接下来对家中的物品进行管理和调整,空间就可以保持整洁。更进一步,如果想使房间更加美观,可以用喜欢的东西装饰房间,或考虑室内装饰搭配。来!以更美好的室内空间为目标努力吧。

没问题的!只要逐步解决问题,日积月累,你肯定能过上理想的生活。

## 不管是选择物品,还是决定收纳方法,都由你来做决定

一旦明确了价值观,搞清楚自己的"惯用脑型",你就可以开始规划整理自己的生活了。生活规划整理分为"减少""整理"和"维持"三个步骤。

"减少"的重点在于选择符合自己价值观的物品并进行分类。虽然说是"减",但是并非以扔东西为目的,因此我们不会产生心理负担。

"整理"和"维持"指的是要思考符合自己行为习惯的收纳方法,建立一个便于保持的室内格局。是看得见物品好呢,还是把它们隐藏起来好呢?这一切都与你的"惯用脑型"相关,以"自己能否轻松搞定家务"为标准来决定收纳方法。

# 目　录

# 什么是规划整理？

　　对住宅的空间、工作的时间，甚至人生都可以进行规划和整理。它与以往的收纳、整理理念有所不同，所谓"规划整理"，即决定物品的去与留，对思考方法、时间、资讯进行整理以及具有可复制性的整理收纳技术，是一种优化人生的思考方法。下面将对这一新的整理概念提出的背景进行详细介绍。

---

　　英语单词 organize 可以理解为"将住所、生活、工作、人生等各种事物，进行有效的准备、计划、整理和整顿"。一般日本人把 life 理解为"空间、生活和人生"，在这里将 organize 与 life 组合在一起，造词为"life organize"。日本生活规划整理协会（简称 JALO）将其定义为"俯瞰空间、生活、人生，并对其进行规划和整理的技术"。

　　规划整理的方法，源于 20 世纪 80 年代后期的美国，是美国专业规划整理师使用的方法。20 世纪 80 年代，在消费大国美国，被物品泛滥所困扰的家庭急剧增加，对"规划整理师※"的需求随之增加。由此，在心理咨询文化盛行的美国诞生了"规划整理师"这一职业。

　　现在，日本同样面临物品与资讯的饱和这一问题。随着居住形态与生活方式的多元化发展，"收拾、整理已不再是简单易行、谁都可以做的事情，而是有难度的技术活"。规划整理师将整理收纳系统化，不局限于普通的整理收纳技巧，而是依据客户的价值观，协助客户找到适合自己生活的整理方式。

※ 日本生活规划整理协会已对规划整理师进行了商标注册。

# Part ①

## 掌握适合自己的整理方法
## 规划整理方法的 10 个实例

本部分介绍了学习规划整理后，
10 位规划整理师的整理方法。
希望能够让你从这 10 个人的 MY WAY（我的方法）中，
找到YOUR WAY（适合你的方法）。

**Life Organize** 高效生活整理术
规划整理专家的教科书

## PANTRY（备餐室）

　　为了保持整洁，瑞穗在开放式厨房里设了没有门的餐具和食品储藏室。餐具和食品储藏室分为可见部分的展示区和隐藏的收纳区，展示区的架子上可以摆放令人赏心悦目的物品，而里面隐藏的收纳区可以摆放厨房小家电等生活必需品

### 瑞穗
Maki Mizuho

　　规划整理认证讲师，衣橱规划整理师。从 ABARERU 公司辞职后转为专职主妇。10 年后，她成为一家建设公司的中层管理人员，任职 15 年。学习了规划整理课程后，瑞穗在杂志《美人化计划》中为客户提供服务，用真诚的笑容感染周围的人。

Data（资料）
● 地板面积：95.78m²
● 格局·住宅类型：3LDK（3间卧室、1间客厅、1间餐厅、1间厨房）+WTC（步入式衣帽间）·公寓
● 房龄：14 年
● 家庭成员：瑞穗、丈夫、女儿（28岁）、儿子（25岁）
● 居住地：东京

惯用脑型
Input　右脑　Output　右脑

能让自己轻松愉悦的生活方式，也会使周围的人感到愉快和舒服

**LDK（L 客厅 D 餐厅 K 厨房）**

瑞穗女士在装修时的构思是"时尚典雅中略带自然风"。
打造一直想待在里面的舒适空间

瑞穗女士从房间结构入手改装房龄 14 年的公寓，把它
打造成了符合自己想象的舒适空间，在此与先生、女儿、儿
子和三只猫一起愉快地生活。客厅、餐厅、厨房将天然材料
的质感与典雅风格巧妙结合在一起。

在此不过多描述室内精美的摆设。室内真正的亮点是在
日常生活中，适应动线（收纳整理的常用词，指移动的路
线）和收纳的设计。

瑞穗女士从事建筑行业，能看懂图纸，而且原本就热衷
整理，因此她的房间会有如此效果，也就不难理解了。

File ----- 01

## WASHROOM
（盥洗室）

图1. 家人及访客使用的盥洗室，设有两个进出口，一处是与玄关、寝室相连的走廊，另一处是与厨房相连的通道，通道内设有大容量开放式柜橱，收纳浴巾

图2. 洗面池上镜子里映出了细长的开放式架子。原本瑞穗打算把细长架子安置在墙壁的其他位置，但她看设计图纸时，注意到此处的夹缝，于是利用此处空间加装了一个开放的架子。宽度仅为15cm的架子，在收纳面巾、洗剂、衣架等方面发挥了很大的作用

图3. 将擦手巾以10条为一套放入盒中，常备在洗面池旁边。盒内的擦手毛巾用完后，再用备好的一盒替换。洗面台下的抽屉里准备了收纳盒，用来收纳用过的擦手巾。瑞穗一家养成了这样的习惯：擦手→顺便擦水池周围→直接把擦手巾放入收纳盒

以所喜爱的物品为主线
注重家人的生活节奏

● 判断物品去与留的标准是什么？
首先要考虑最喜欢的物品是否适合其所在空间。是否喜欢作为判断衣服去与留的主要标准。

● 在整理时，最重要的事情是什么？
别规定得太细，公用的物品位置不能随意改变。

● 决定收纳方法的标准是什么？
把物品收纳到其被使用的场所中。

● 选择收纳物品的标准是什么？
容易因视觉冲击产生压力，所以选择外观好看且喜欢的材料。

● 如何整理家人的物品？
在帮助家人整理物品时，应由物品所有人主要负责整理，不擅自丢弃他人物品（瑞穗女士曾经因为擅自丢弃物品而把事情搞砸）。

● 舒适生活的秘诀是什么？
能够马上做的事情，绝不拖延到第二天。

## 方便易行的动线与赏心悦目的家居环境均得以实现

瑞穗女士与规划整理结缘始于女儿厌学的那段时间。那时，瑞穗的女儿整理房间的时候，瑞穗也在整理房间，她总感觉女儿整理房间的方法不得当。在学习了规划整理课程后，瑞穗确实体会到"价值观因人而异，整理方法会有所不同"，也是第一次认识到"不能理解某人是正常的"，至此，心里累积已久的压力也随之而去，瑞穗如释重负。

另外，懂得选择自己真正所爱的物品之后，衣服数量也随之减少。瑞穗感觉：比之前拥有很多物品时更快乐！（衣橱介绍见第6页）

瑞穗根据以往的经验体会到整理会使女性绽放自信的笑容，而自信又会使女性变得更加美丽，因此投身整理行业，以帮助更多的人。

## KITCHEN（厨房）

厨房的色调是灰白相间的,营造出简洁、时尚的感觉。具有超强收纳力的抽屉,即便是放在最里面的东西也可以自由取放。厨房操作台下面摆放平日常用的餐具

图 1. 操作台对面放置敞开式餐柜,精心的设计使电话线看上去不那么突兀。基于兴趣,瑞穗女士收集了许多竹筐,按竹筐的尺寸决定隔板放置的位置。竹筐既可用来展示,也可用来装东西

图 2. 做饭前,把餐具摆放在厨房的操作台上,瑞穗才发现,将餐具收纳在操作台下是如此方便

图 1. 把小件物品收纳在浅格抽屉里。这样屋主可以对所有物品一目了然。这是非常用心的收纳设计

图 2. 取得了衣橱整理师资格的瑞穗女士，将自己寝室的一整面墙设计成衣柜。折叠门的一侧嵌入镜子，这样就省了放镜子的空间。折叠门左右全部打开时，柜中物品尽收眼底

图 3. 将衣橱上面的架子用隔板分为两层，下层放可以折叠的包，上层放只能立着的包。为了解防尘袋中是哪个包，瑞穗在袋上贴上标签注明

## CLOSET（衣橱）

图 4. 男主人的衣橱位于连接寝室与玄关的通道处，就在鞋柜的对面。使用开放式衣橱，男主人可以对自己的衣物了如指掌，同时也利于保持衣橱的整洁

图 5. 衣橱靠近玄关一侧设有抽屉柜，用来收纳饰品等小件物品。为便于知道抽屉里存放什么物品，瑞穗将"手表""打火机""眼镜或太阳镜"等标签贴在抽屉上注明。另外，瑞穗在抽屉柜上放置了托盘，把托盘当作临时存放处来收纳兜里、书包中常用的物品。这样出入家门时方便携带和存放随身物品

**CLOSET（衣橱）** | 搭配服饰时，首先从裤子、裙子开始选择，所以衣橱的右侧（人面向衣橱时）放置下装，左侧放置上衣类，上衣下面放围巾等小件服饰，以逆时针方向为动线来设计，更方便搭配衣服。

# 使家人轻松自在的可视收纳
# 优化动线既节省时间又减少麻烦

## ENTRANCE&
## CLOSET
## （玄关 & 衣橱）

图 1.瑞穂家的玄关。过道内的壁柜里设有大容量的鞋柜。家人在玄关脱了鞋，将其放入鞋柜，是家中的规矩。这样可以避免先生和孩子脱了鞋就放在一边不管。在壁柜里有先生专用的白色鞋柜，如果有人发现鞋在外面，会顺手把鞋收入鞋柜

图 2.敞开式鞋柜便于家人整理所有的鞋。鞋柜对面有通向盥洗室的门，所以，家人回家后的动线是脱鞋→将其放入鞋柜→进入盥洗室洗手

## LIVING ROOM（起居室）

高山家的地板是不规则、非平面的。一楼有起居室、厨房、餐厅，地面稍高的部分有一个小小的自由空间（镜子的左边内侧）。整个起居室的装饰给人一种既简单又符合男性品味的印象

## CLOSET（壁橱）

图 1. 起居室收纳了一些小孩的学习用品和外出用的装备。高山女士为了让孩子独立完成自己的事情，从幼儿园开始就跟他一起规划空间

图 2. 以"一个抽屉放一个类别"为原则。橱柜内的图画标志也是高山女士亲手做的。为了让整个橱柜看起来既美观又简单明了，她花了不少心思。这里用的黑色也很符合男性的审美

## 搞清楚自己的喜好，室内装饰也可以成为一种享受

惯用脑型

Input 右脑　Output 左脑

### 高山一子
Ichiko Takayama

规划整理认证讲师。

智慧工作的代表。作为两个孩子的妈妈，她从自己的经验出发，提议打造一个每天可以高效率、轻松生活的空间。高山女士为客户提供新房装修和旧房改造时的收纳策划服务及搬家后的规划整理服务，她的服务深受好评。

Data（资料）

● 地板面积：183.21m²

● 格局·住宅类型：5LDK（5间卧室、1间客厅、1间餐厅、1间厨房）·独门

● 房龄：7 年

● 家庭成员：高山一子、丈夫、2个孩子

● 居住地：京都

## FREE SPACE&WORK SPACE
（自由空间 & 工作空间）

图1. 从起居室往上走3个阶梯就到了楼梯底部，这里现在成了孩子们的学习角。因为这个小空间从客厅也能看得见，所以高山女士特地放置了自己喜欢的 LYON 公司的橱柜

图2. 用三段文件托盘和文件盒收纳图书，桌面非常整洁

图3. 利用墙壁的转角划分工作空间

## KITCHEN&PANTRY
（厨房 & 橱柜）

图1、图4.厨房内的橱柜并不是一般的储物柜。把需要储存的食品随手放在盒子里，不过分要求整齐。橱柜无须安装门，这样容易看到橱柜中的食材和必需品

图2.把脱水食品和谷物类食品重新更换包装，放入透明的容器内，其中的食品便一眼可见。容器的样子美观，使用它的频率也会增高

3.调味料和粉状类食材则用统一的收纳容器装起来，更具备功能性。无法辨认容器中装的是什么调味料的，则用标签标示

**考虑能轻松地保持室内美观的布局设计**

● 判断物品去与留的标准是什么？
拥有的物品是否让生活变得更美好。

● 在整理时，最重要的事情是什么？
轻松地保持室内美观。

● 决定收纳方法的标准是什么？
是否能轻松地做到物归原处，并且家人能自己整理自己的物品。

● 选择收纳用品的标准是什么？
收纳用品是否符合室内设计风格，且是否能长久保持室内整洁和美观。

● 如何整理家人的物品？
考虑家人的感受并尊重家人的价值观。

● 舒适生活的秘诀是什么？
管理好物品的数量和固定位置，并制订物归原处的规则。

对空间布局花了很多心思的高山一子的家，是七年前向建筑师定做的独门独户的房子。现今房子的室内布局设计得如此好，正是她发奋学习、钻研的成果吧。

在此之前，高山女士住在室内装潢普通的公寓里时，经常被人称为"改变房子外观的狂魔"。事实上，即使经常改变室内装潢，高山女士因为不擅长整理房间，所以屋子里总是乱糟糟的。高山女士说："我当时就想把恰当的物品放置于恰当的地方，即使不改变房子的外观，也要打造一个自己喜欢的家。"

高山女士说："有了新房子之后，一开始我还是能把房子整理得很整洁的。"后来，由于忙于工作和教育孩子，她慢慢地变得不再收拾房子了。就在这时，她学习了规划整理课程，不仅实现了心中曾设想的目标，得到了一个自己能轻松地完成整理的空间，而且房间充满了自己喜欢的物品。在整洁的空间里，搭配茶色和黑色的室内用具，这是高山女士喜爱的风格。她说："现在，客人们经常委托我照着我家的样子，对他们的房子进行空间规划。"

自从成了规划整理认证讲师，高山女士明确了自己的喜好，装饰房间变成一件让她享受的事。她说："未来，我会不断优化房间的布局，并规划房屋的空间。"

餐厅使用的颜色让人眼前一亮，室内装饰给人以美丽且清爽的感觉。大型的推拉门式的厨房内，橱柜收纳了很多食器和家电。橱柜门平常使用时打开即可，来客时便如上图所示关闭柜门，外观既整洁又美观

**DINING ROOM（餐厅）**

## LIVING STORAGE（起居室的储藏空间）

起居室侧面的空间用来收纳家人常用的文具和小物件。可把图书简单放入文件夹里

## 创造一个能保持干净整洁的空间，使物品功能升级

**CLOSET（壁橱）**

图1、图2. 洋服按照颜色分类挂在衣架上，小物件和叠好的裤子放在台面上。这样看起来不仅美观而且主人可以很轻松地将物品放回原位

## PANTRY（橱柜）

　　图1.（吉川女士）将原先的布局设计做了调整，在厨房的内侧设计了一个独立的橱柜。她用可移动架子和横杆自己组装了一个收纳场所。最上层放置使用频率少的物品、中层放置经常使用的物品、最下层放置一些印刷用纸和与电脑匹配用的机器，并把垃圾箱、清洁用具也归纳放在一处。因为LDK（起居室、餐厅、厨房）用的物品全都集合在这里，所以房间里相当整洁、舒适

　　图2. 在不想让别人看见这个空间的情况下，可以在橱柜挂一个卷帘

## 吉川圭子
### Keiko Yoshikawa

　　规划整理认证讲师

　　以双胞胎的诞生为契机，圭子女士开始考虑物品的持有和生活方式的问题。从2009年开始，她参加了兴趣活动组和提供整理收纳帮助服务。现在，她以"Life Organize是一项不论男女老少都应该具备的技能"为座右铭活跃于整理行业中。她是整理收纳大奖"2015年审查员特别奖"得主。

慣用脑型

Input 右脑　Output 左脑

**Data（资料）**
- ●地板面积：120m²
- ●格局·住宅类型：2LDK（2间卧室、1间客厅、1间餐厅、1间厨房）·独门独户
- ●房龄：4年
- ●家庭成员：吉川圭子、丈夫、大女儿（初中一年级）、双胞胎姐妹（小学四年级）
- ●居住地：神奈川县

File ⋯⋯⋯ **03**

这么多适合自己行为习惯的收纳技巧！
掌握了这些技巧，整理房间可就轻松多了

**KITCHEN（厨房）**

图 1. 吉川家的厨房没有高的餐具架子。餐具全收在厨房背面的柜子里

图 2. 孩子的朋友来做客时用的塑料餐具全收纳在离厨房入口很近的抽屉里。吉川女士特意把它们放在孩子能自己拿取的位置

图 3. 从洗碗机拿出来的餐具能立即放入对面的抽屉收纳。家务动线很短且流畅，这的确是相当聪明的设计

　　吉川女士和丈夫、3 个女儿生活在这幢嵌入了一半是订购的"无印良品"的"原木之家"的房子里。吉川女士花了很多心思在房间上，比如思考做家务的方法、探索符合自己的收纳方式和参考其他生活规划整理师的家等。

　　吉川女士很早就考取了整理收纳咨询师证书。在知道了 Life Organize 之后，她改变了自己的观点："怎样才能得心应手地整理房间呢？"特别是了解了"大脑也像惯用手那样，有'惯用脑类型'"之后，她开始观察家人及其他人的行为习惯。

　　吉川家的 3 姐妹运用的收纳方法上也不尽相同。长女从小就比较擅长整理收纳，年龄较小的双胞胎姐妹在整理上需要指导。另外，虽然是双胞胎，找东西的方法和把东西归位的习惯都是不一样的。因此，要考虑符合她们各自的行为习惯，打造一个避免削弱孩子积极性的室内布局。

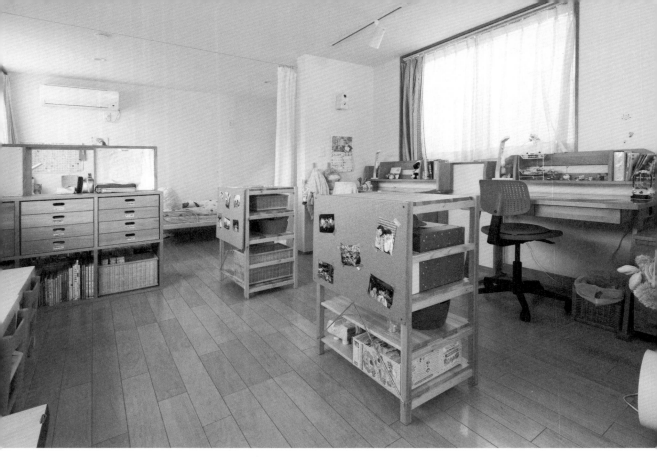

**KIDS' ROOM（儿童房）** 3楼的儿童房是完全没有被隔断的单间。用较低的架子和桌子宽松地隔开长女和双胞胎姐妹的空间。吉川女士和丈夫也考虑将来可能用墙壁隔开这个单间，使她们有各自独立的空间

即使是双胞胎，行为习惯也不一样。她们应该采用
与各自行为习惯相符合的收纳方法

图1. 虽然二女儿和三女儿是双胞胎，但是整理方法完全不一样。二女儿因为经常反复变换抽屉的标签和抽屉里面装的物品，所以她就想办法把标签变得容易摘取。三女儿则在收纳前仔细认真地把物品归类，标签也是从一开始就固定下来从来不更换的
图2. 这是整理得一丝不苟的三女儿的抽屉。她能把物品仔细分类，管理得恰到好处
图3. 好恶分明的二女儿，抽屉里只收纳一目了然的、经自己严格挑选的最少量的物品。
原来有这么大的区别啊！真是让人看了都吃惊的区别

## ENTRANCE（入户）

图1、图2.吉川女士说："建新房子的时候，我也参考了很多规划整理师的家。"玄关的收纳就是其中的成果之一。鞋柜并不是在瓷砖地面上，而是在木地板横框（日式住宅入口向上进入铺席房间的木地板）上设立的，家人可以光着脚去取鞋子（把遮挡鞋柜的卷帘表里反过来安装，鞋柜表面就变得整洁美观了）

## MY WAY　　我的方法

### 明确整理的目的,有喜欢做的"事情"也很重要

● 判断物品去与留的标准是什么？
物品是否在使用。
● 在整理时，最重要的事情是什么？
最重要的事情是明确整理的目的。
● 决定收纳方法的标准是什么？
让使用物品的所有人都容易理解的方法。
● 选择收纳物品的标准是什么？
能长久使用的，经典款，有卖家踪迹可寻的。
● 如何整理家人的物品？
自己不想做的，尽量别做。
● 舒适生活的秘诀是什么？
在舒适的空间做自己享受的事情。
（因为开心的事情与整理的动机是息息相关的）

图3.把鞋子全部放入塑料托盘里便于收纳和拿取。不知道把鞋子放到哪里的困惑也随之减少。防灾工具、罐装水、绳带等物品都收纳于鞋柜里

图4.在筐篮里收纳齐全的外出用品。就这样拿着筐篮放入车内，出门携带很方便

# File 04

## 通过调整思考方式，人能够意识到真正重要的事

慣用脑型

Input 右脑 Output 左脑

### 本间尤莉
Yuri Homma

　　规划整理认证讲师、公寓管理规划师、Kura ci design 一级建筑师事务所主管。

　　以教育孩子为契机，本间女士深深感受到环境对孩子的重要性，意识到住宅需要整理。从整理收纳、翻新房子，到重建房子，本间女士致力于打造一个既简单又漂亮的生活环境。

Data（资料）
●地板面积：74m²
●格局·住宅类型：2LDK（2间卧室、1间客厅、1间餐厅、1间厨房）+WIC（步入式衣帽间）·高级公寓
●房龄：9 年
●家庭成员：本间尤莉、丈夫、儿子（小学四年级）
●居住地：琦玉县

### KITCHEN（厨房）

　　图1.炉灶及水槽部分的顶口本来是有吊柜的，入住前经过改造已经全部移至冰箱的顶部。

　　图2.从起居室侧面很难看得到的冰箱左侧的死角处，也被充分地利用起来。冰箱侧面安装了磁性挂钩和不同型号的磁性保鲜膜收纳盒。在墙壁与冰箱之间安装了一根横杆，用于收纳垂挂物品。在盒子里面装的竟然是NHK的教科书《收音机英语会话》，大概是本间女士平常一边准备早饭，一边学习用的吧

## DINING&KITCHEN
（餐厅 & 厨房）

刚入住时，本间女士把原本的 2 个房间改为 1 个房间。改造时把炉灶上面的吊柜移走后，房间显得更敞亮了，放置了大型的收纳家具

图 1. 在厨房旁边，同样是一级建筑师的本间女士的丈夫亲手给孩子设计了一个学习角

图 2. 进深为 60cm 的收纳架子，里层和外层可以重叠收纳 2 个 A4 纸大小的文件盒。这是针对本间家书较多而采用的方法

持有建筑师资格证书的本间尤莉女士，现所居住的公寓是对原有格局改造后的结果。本间女士很清楚原来房子的空间布局和自己所期望的收纳场所的差距，她想着"反正早晚都要改造，那就在搬进新房前动手吧"。因此她果断地决定改造房子。估计只有建筑师才能施展这么棒的空间规划的技能吧。

本间女士在养育孩子（暂停工作）期间一时兴起，读了铃木尚子女士的博客之后，了解了 Life Organize。她受到深深的启发："这肯定对工作有利。"据说 Life Organize 给她带来的最大的影响是"整理思考方式"这一部分。

随后，本间女士就开始调整自己的思考方式，尝试问自己"到底想做什么"。结果她意外地发现自己并不想把孩子交给别人照顾，而是想要专心地养育孩子。多亏整理好自己的思绪，她才能想通这个问题："在孩子上大学之前以养育小孩为重心，并在自己力所能及的范围内努力工作。"她在儿子的乐高收纳上花的心思，达到了连 Life Organize 中的很多同伴都感叹不已的程度。（见第 18 页介绍）。

本间女士在工作上，也会帮助客户启发如何整理思考方式。如今，她能够给客户提议，帮助客户打造一个他们心中真正渴望的家。

## LIVING ROOM（起居室）

图 1. 在起居室内，引人注目的是角落的收纳架子。本来是主人亲手做的书架，现在成为儿子展示作品的"乐高架"

图 2. "乐高架"是在听取了儿子的意见后重新改造过的。为了能够容纳大量的作品，特意把架子板层之间的距离缩小了

图 3. 电视周边也收纳了很多乐高的零部件。经常使用的零部件则放在电视机柜下面。很少拿出来的零部件则收纳于左手边里层的壁橱里

## CLOSET（壁橱）

步入式衣帽间是本间女士亲手将原来的纳户（日式住宅中作为仓储使用的房间）改造而来的。

图 1. 把圆木棍用支架安装在墙壁上用于挂领带

图 2. 在墙壁上安装 L 形的木质架，在木质部位加上一些把手和挂钩，作为丈夫用的收纳空间。上面挂着临时穿着的西装

图 3. 衣柜分成两部分，外面的是适用于身材较魁梧的丈夫的，里面则是供本间女士使用的空间。先生在这里换衣服时的动线很流畅，感觉方便舒适

改变住宅的形态后
花心思在收纳上才最
为重要

**注重轻松地生活，创造和家人在
一起活动的空间**

● 判断物品去与留的标准是什么？
物品的设计和质量是否让人满意，使用起来是
否让人舒心。物品承载了家人的共同回忆。

● 在整理时，最重要的事情是什么？
房屋内自己视线所到之处都让人非常舒服，因此
最重要的事情是和家人一起共同拥有一个环境
很棒的家。

● 决定收纳方法的标准是什么？
既美观又能轻松收纳物品。

● 选择收纳物品的标准是什么？
标准一：轻松地拿取物品。标准二：物品的尺寸
要与收纳场所的空间大小相适。标准三：直线
线路收纳（直线线路收纳是指不走多余的路，拿
取物品的效率高）。

● 如何整理家人的物品？
丈夫和孩子在整理房间的时候，要始终在他们
身边帮助指点。

● 舒适生活的秘诀是什么？
把除了食品和日用品之外的物品带回家的时候，
要养成思考"这个物品是否真的需要"的习惯。

**BOOK SHELF
（书架）**

　　图1.在本间家的收纳实
例中，需要特别提到的就是
这个大容量的书架。仔细观察
你会发现，从书的间隙可以看
见书墙的另一侧。事实上，这
是把原先的墙壁打穿的设计
　　图2.这是从走廊这一
侧能看到的样子。联结走廊
和寝室的是一个嵌入型的书
架
　　图3.这是从寝室这一
侧能看到的样子。因为书架
是嵌入型的，所以不用担心
它会倒下。书脊基本上都是
朝着走廊一侧的，但儿子睡
觉前看的书的书脊是朝向寝
室的，方便拿取。据说这个
高级公寓密封性很好，人不
会感觉冷

## KITCHEN（厨房）

喜爱烹饪的住江女士家中的厨房，却出人意料的小巧玲珑。住江女士说"开关柜门太麻烦了"，因此她设置了开放式收纳柜。开放式收纳柜的色调与厨房的色调一致，营造出统一感。

## File 05

# 收纳整理固然很重要，但在此之后如何享受生活更为重要

### KITCHEN（厨房）

图1.将无印良品的储物架与宜家的收纳柜组合在一起，只保留自己最中意的餐具，把物品摆放得一目了然，使用时无须开关柜门，取放自如。因为会频繁使用厨房的物品，所以不必担心餐具上会有灰尘

图2.餐具以白色为基调，可以选用深色的小碟和小碗。将色彩鲜艳的物品收入抽屉里

慣用脑型

Input 右脑　　Output 右脑

## 住江直美
Naomi Suminoe

　　规划整理认证讲师，从整理思绪开始，协助客户提出创意、捋顺思绪与整理房屋空间。她见证了"整理空间改变人生"，深感整理的重要性，并且重视深入了解客户的情绪和情感需求。

### Data（资料）
●地板面积：114m²
●格局·住宅类型：4LDK（4间卧室、1间客厅、1间餐厅、1间厨房）·独栋住宅
●房龄：13年
●家庭成员：住江直美、丈夫、两个儿子
●居住地：神奈川县

　　在取得规划整理师资格之前，住江直美作为规划整理师铃木尚子女士的助手，开始接触整理工作。住江看到客户通过整理改变了生活后，决定考取规划整理师资格。

　　通过对资格认证课程的学习，她领悟到"比技术手法更重要的是深入了解对方的情绪与情感需求，并帮助对方整理思绪"。为此，先要了解对于每个家庭成员来说最重要的是什么，再来考虑如何选择收纳整理方法。

　　最能体现这一点的是对她两个儿子的小房间的整理过程。两个孩子整理房间的方法各异，收纳方式也完全不同（见第23页介绍）。在孩子们上中学时，住江女士询问他们："妈妈认为这个整理方法简单轻松，不过还有很多其他的整理方法，你们喜欢哪种方法呢？"住江让孩子们有机会设定自己的规则和选择适合自己的方法。在了解了自己的"喜好"之后，基本上可以敞开所有收纳柜的门，将里面的物品展示出来。住江说："对于我来说，用自己的方法整理房间后，取放物品很方便，管理起来也很简单。想过怎样的生活来决定目标，这点是非常重要的。"

**LIVING ROOM（客厅）** | 日式房间可作为客厅。抽屉柜用来收纳家人的内衣、睡衣。因为考虑距离浴室近的路线，住江没有选择把抽屉柜放在二层的卧室，而是放在此处更便于使用

## 若觉得"开关柜门太麻烦"，可以一直把柜门敞开！
## 彻底放松才是最重要的

**STORAGE（储藏室）**

　　图1.客厅变得清爽、令人舒畅的秘密是安置了这个大型的收纳柜。在进深很大（大到可以放入被褥）的空间里，放入铁架作为隔断，在其中可摆放药品、摄影相关器材，以及与工作相关的图书等物品

　　图2.因为柜门经常被打开，所以会制作一些精美别致的标签。平时总会敞开储藏柜的门，将里面的物品展示在外的同时也方便使用，精美别致的标签帮助主人将物品分类

　　图3.在储藏室的内侧墙壁上贴上黑板纸，写上与盒子上所贴标签一致的文字，便于把物品恢复原状

**CLOSET（壁橱）**

住江家收纳柜的柜门总是敞开的，衣柜的门也是敞开的。壁橱的外观整洁且非常有创意
图 1. 住江把过季的衣服和包存放在宜家的收纳盒中，并把收纳盒置于收纳柜的顶部
图 2、图 3. 把衣服叠好，竖着摆放，收纳盒里的衣服尽收眼底，便于选择。如果介意透明盒子中的物品被看到，
可以在最外面放白色塑料盒，并贴好标签，注明存放的是什么物品

## MY WAY　我的方法

了解自己所有的物品，有效地对其
进行管理，便可以心情舒畅地生活。

● 判断物品去与留的标准是什么？
喜欢/不喜欢；能管理（掌握）/不能管理
（掌握）。
● 在整理时，最重要的事情是什么？
以自己和家人的价值观为中心，了解自己的
需求从而掌握所拥有的物品的作用。
● 决定收纳方法的标准是什么？
便于整理，一目了然，直观形象。
● 选择收纳物品的标准是什么？
物品的尺寸、形状、颜色、重量、外观、
价格。
● 如何整理家人的物品？
不草率地处理家人的物品及决定物品的去
向。
● 舒适生活的秘诀是什么？
把物品的持有量保持在自己可以管理的范围
内。

**CLOSET**
**（衣橱）**

住江家两兄弟所习惯的收纳方法各不相同
图 1. 掌握折叠收纳的方法，对弟弟来说驾轻就熟。他可以轻
松地将衣服整齐地收纳到抽屉柜里。但是，他很难记住物品
原来的摆放位置，所以在抽屉上贴上标签，以便物归原处
图 2. 哥哥采用挂式收纳的方法。他曾采用"折叠收纳"法，
但是效果不佳

# 构建孩子自己可以整理的空间，令人备感安心

## 秋山阳子
Yoko Akiyama

规划整理认证讲师，心理规划整理师。

协助客户营造忠实于自己独特风格的舒适生活。

希望将规划整理广泛应用于家庭、学校和公司。

**Data**
- 地板面积：145m²
- 格局·住宅类型：4LDK（4间卧室、1间客厅、1间餐厅、1间厨房）·独栋住宅
- 房龄：11年
- 家庭成员：秋山阳子、儿子（高中）、女儿（初中）
- 居住地：广岛

惯用脑型

Input 右脑 Output 左脑

秋山女士因丈夫去世而备受打击，完全无法整理房间，后来深刻体会到通过对空间的整理，心灵也能得以净化。

随后，"整理"成了秋山女士的工作。在参加过各种各样的收纳讲座后，她体会到规划整理的奥妙，即规划整理应是不会重蹈覆辙的整理。

秋山说："在此之前，每当有人来家做客，我总会让人在玄关处等候，然后把物品统统塞进壁柜。这样房间表面上看起来很干净。现在，有客人来访，我只需10分钟便可将房间收拾得干干净净。"

与此同时，秋山学会了听取家人的意见，在孩子成长的道路上，让他们有机会分担更多的家务。这也是规划整理的另一主题"家人幸福，孩子会整理"在实际生活中的应用。

秋山还说："刚刚搬入新房的时候，我印象中理想的房间应该是没有生活气息，像样板间一样的。自从从事规划整理工作以来，我懂得了家中每个人都应以各自的方式生活，有自己喜欢的物品，我应该配合家人各自的生活方式进行收纳，这才是生活的居所、理想的家。"

## WASHROOM
（盥洗室）

图1. 秋山女士围绕女儿擅长还原物品且使用盥洗室频率较高的特点，来考虑盥洗室的收纳方法

图2. 秋山女士把每日使用的美发用品，放入便于取放的抽屉里。因为秋山女士的惯用脑型是右右型，所以喜欢用毛毡、厚纸做成心仪的样式来提高整理兴致

图3. 秋山女士在收纳实用物品的文件盒上，贴上了女儿画的插图作为标签

## LIVING&DINING（客厅 & 餐厅）

图1、图2. 客厅与餐厅是家庭全体成员吃饭、放松休闲、学习、工作的地方，生活中大部分时光会在这里度过。为此，我们的原则是，把各自随时使用的物品收放在固定的地方。对于因临时有事所需使用而增加的物品，可打开折叠桌，将物品放在桌下

## KITCHEN（厨房）

对于餐具，秋山的整理原则是是否喜欢比使用频率更重要。我会将喜爱的餐具收纳到方便的"一等位置"享受使用时的快乐

## ENTRANCE（玄关）

玄关可以收纳鞋、防灾用品、体育用品及外出时使用的物品。根据季节的变换，调换玄关柜里的物品

### MY WAY　　我的方法

对最在意的事情做到极致，
其他的事情就随意吧。

● 判断物品去与留的标准是什么？
根据场所不同答案各异，"喜欢的物品"与"使用频率"混搭在一起，按照对物品的喜爱强烈程度进行分类，并依次分为"一等位置""二等位置""三等位置"。
● 在整理时，最重要的事情是什么？
便于自己操作，家人也能理解。
● 决定收纳方法的标准是什么？
让收纳柜里的物品保持色调统一；展示在外的物品应侧重美观性及功能性；每天使用的物品按照使用的次数进行收纳。
● 选择收纳用品的标准是什么？
外观是否好看，性价比是否高。
● 如何整理家人的物品？
询问家人的意见，或提出整理方案供家人参考。
● 舒适生活的秘诀是什么？
劳逸结合。

# 07

## 和谐生活的秘诀是"物归原位"的轻松、方便的整理方法

### 植田洋子
*Yoko Ueda*

规划整理认证讲师，心理规划整理师。

为准妈妈和育儿中的人群服务。

其开办的"私人整理课程 @cafe""私人整理课程 @home"深受好评。

**Data**（资料）
- ●地板面积：96m²
- ●格局·住宅类型：3LDK（3间卧室、1间客厅、1间餐厅、1间厨房）·重新装修的独栋住宅
- ●房龄：35 年
- ●家庭成员：植田洋子、丈夫、儿子（小学四年级）、年幼的女儿
- ●居住地：东京

惯用脑型

Input 右脑　Output 左脑

　　长子出生之前，植田女士热衷于工作，是个"不收拾整理房间也无所谓的人"。大约在 5 年前，植田女士的身体出现了问题，那时看到被子周围散乱的物品时，才第一次意识到，"我的家从来都没有整理过！"此时，植田女士从处理物品入手，收拾房间。但植田女士的先生是个不爱扔东西的人，为此，两人的关系日趋恶化。正在那时，植田女士学习了规划整理课程，被其"整理并非从丢弃物品开始"的理念深深吸引。

　　植田说："我是个做事严谨的人，以前总会把'应该这样'的想法强加于家人。在学习和实践了规划整理课程之后，懂得了'即便是家人，价值观也会不同，这是很正常的'。意识到比起房间表面的美观、整洁，家人和睦才是最重要的。"

　　了解家中所有物品的位置，形成使用物品后，可以马上放回原处的模式，先生也比以前会整理房间了。植田说："先生整理房间后，我也会向他表达感激之情。"

**DINING ROOM**
（餐厅）

图 1. 把儿子上学用的书包和学习用品固定摆放在餐柜里。把铅笔放在玻璃杯中，并把玻璃杯集中放在竹筐里。使用时，只要把竹筐拿到桌上就可以了

图 2. 玩具空间。哥哥不愿意妹妹随意拿自己的迷你汽车玩具，所以植田把汽车玩具摆放在妹妹够不到的地方

图 3. 定制餐柜的进深尺寸刚好可以放下书包

## WASHROOM（盥洗室）

图1.将小件行李和喜欢的物品，放入规格统一的容器，使其能够直立，然后，将清扫时所用的毛巾等竖着放入布制书包里。书包内侧放入塑料文件盒

图2、图3.更衣室集中所有换衣时所需物品，根据动线进行收纳。可将暂时不用洗也可穿的睡衣随手放入筐中。筐上的收纳盒可放内衣。收纳盒的高度是4岁女儿可以够到的高度，这样，女儿可以自己找内衣更换

## KITCHEN（厨房）

图4.I型厨房。整体厨柜的对面是操作台，活动范围小、布局紧凑、便于操作。厨房内侧的门通往洗手间，方便做家务

图5.外置的物品统一放入规格相同的容器里，将小苏打粉、洗涤剂等分别倒入塑料（玻璃）瓶里，贴上自己喜欢的标签，把瓶子整齐摆放在抽油烟机上。发现哪里有油污，随手就可拿到清洁剂，便于清除油污

### MY WAY　　我的方法

为确认自己今后生活的必需品，
应重新审视现有物品

●判断物品去与留的标准是什么?
看了会使人恢复元气的生活必需品。

●决定收纳方法的标准是什么?
家人的动线和活动频率。

●选择收纳用品的标准是什么?
统一收纳物品的色调（以白色、木色为主），
选用随时可以买到的基本款收纳用品。

●如何整理家人的物品?
尽量使用可以物归原位的收纳方法，不做细化分配，只要能使物品归位即可，降低难度系数。

●舒适生活的秘诀是什么?
为了迎接对自己重要的新物品，定期检查现有的物品，真正了解自己"喜爱"的物品是什么。

# 08

## 中村佳子
Yoshiko Nakamura

规划整理认证讲师，衣橱规划整理师。

曾获 2014 年 JALO 协会调查员特别大奖，曾与他人合著出书，提出孩子自己可以搞定的整理方案，以及家人也可以轻松搞定的规划整理方法。

**怎样做才能达成目标？**
**设定目标，使整理变得**
**快乐**

惯用脑型

Input 左脑  Output 左脑

**Data（资料）**
●地板面积：80m²
●格局・住宅类型：3LDK（3间卧室、1间客厅、1间餐厅、1间厨房）・公寓
●房龄：9 年
●家庭成员：中村佳子、丈夫、10岁儿子、6岁儿子
●居住地：兵库县

如何才能使自己真正学会整理？

中村女士告诉我们："每天都会拿不擅长整理的家人当实验品（笑）。"

中村女士本人也不是"擅长整理和热爱打扫"的人，为此，她首先考虑的是家人及自己都可以做到的整理方法。中村一家四口人的惯用脑型各不相同。

中村说："我采用的收纳整理方法的基本的准则是'只要放进去''只要挂起来''只要摆放'的'只要型'收纳整理。"这是右脑型人常用的收纳方法，学习了生活规划整理中的惯用脑型后，就会考虑如何让惯用脑型各异的家人都能使用起来都能够感觉便捷的方法。

规划整理在育儿方面，更能发挥益处。

中村解释道："大儿子的惯用脑型是右脑型，小儿子是左脑型。他们对物品的整理方法完全不同，比如叠毛巾，竟然是相差 4 岁的小儿子更擅长。在了解惯用脑型之前，我可能会说'为什么弟弟都可以做得到，哥哥却不行呢？'现在，了解了惯用脑型，我会看到'左脑型的人更擅长整理'，而大儿子更擅长情感的表达，两个儿子各有千秋。"

## KIDS' ROOM
## （儿童房）

图1、图2.将床摆放成L形，贴着墙角放置，显眼的玩具可以放在"看不到的"收纳柜里，与床平行的位置放置书架，命名为"儿童图书馆"，孩子们最喜欢在这个狭窄的空间里看书

图3（P29）.中村把玩具刀夹在床下面，用皮筋固定好，孩子收拾起来也有游戏的感觉，形成了"中村流派"

1

2

## CLOSET（壁橱）

把孩子们的玩具等物品收入壁橱里，在物品的中段贴上壁纸并刷上颜色，增加乐趣。左侧是中村女士的衣橱，右侧是储物间

图1.储物间一侧的彩色盒子里放学校相关物品、缝纫工具、酒具及日用品，熨斗、熨衣板也放在这里
图2.更衣完毕后，将隔门拉开，隔门内侧贴有镜子，可检查自己的服饰搭配情况

### MY WAY　　　我的方法

### 家在乱的时候也可以"居住"
### 不追求完美无瑕的家

●判断物品去与留的标准是什么？
是否使用，是否有纪念意义。

●在整理时，最重要的事情是什么？
"认识到将房间整理得干干净净"，并不等同于给家人带来"舒适的生活"。整理时不必追求完美，只需每次用15分钟整理即可将家收拾成待客人的状态。

●决定收纳方法的标准是什么？
家人可以独立完成；动线短；是否与室内装饰相搭配（部分适合即可）。

●选择收纳用品的标准是什么？
收纳盒打开、关上是否方便，收纳用品的颜色、质地、价格。

●如何整理家人的物品？
经常听到"自己习惯的整理方法不一定适合家人"这样的话。

●舒适生活的秘诀是什么？
相比减少物品，中村更注重"角落的用法""物品的配置方法"。

# File 09

## 松居麻里
Mari Matsui

规划整理认证讲师。

因搬家时委托 JALO 帮助，深刻体会到规划整理的重要性。

从家庭主妇变身为规划整理师，并作为生活规划整理协会和愤怒管理协会的认证讲师开办课程。

**Data（资料）**
- 地板面积：80m²
- 格局·住宅类型：2LDK（2间卧室、1间客厅、1间餐厅、1间厨房）+ 储藏室·公寓
- 房龄：4 年
- 家庭成员：松居麻里、经常调动工作的丈夫、两个儿子
- 居住地：东京

**惯用脑型**
Input 右脑　Output 左脑

## 找到了不费劲也能做到的、适合自己的整理方法

松居麻里女士随着先生调动工作，婚后经历了 4 次搬家。从先生调动工作的地方搬回东京的时候，委托日本生活规划整理协会的铃木尚子女士，帮忙拆包和提供规划整理服务。之所以这样决定，是因为前几次搬家公司的"全程一条龙服务"，会给之后的生活带来很大的困扰。

松居麻里说："这个决定真是太正确了！因为了解物品的摆放位置，有了方便易找的收纳方法，物品使用起来非常顺手，深感使用不同的收纳方法后我在整理上所花费的时间比以前节省了很多。"

在此之后，松居女士本人也取得了规划整理师资格。现在，她用心帮助那些因为收纳整理而烦恼的人，告诉他们："整理有这样的方法""也可以那样去考虑""不会整理而烦恼只是因为没找到适合自己的方法。整理无须不辞辛苦地努力，'睡眼蒙眬''疲惫不堪'时，不用勉强自己。自己可以做到的整理方法，才是适合自己的方法。"

松居女士在整理的过程中，遇到无法完成的情况时，就会思考"为什么不能完成？""不能顺利完成的障碍是什么？"

松居女士的厨房吊柜的收纳力出类拔萃！她把平日不太使用的文件盒放在最上面，其下收纳经常使用的保存容器。计算好吊柜的进深，以便放下内外两排物品

### STORAGE（储藏室）

松居家从客厅通往下层的储藏室放置着金属收纳架，架上摆满收纳盒，里面存放着圣诞节、万圣节的装饰品，滑雪用具，海边度假及游泳时的用具，还有孩子们过季的衣服。为了避免"姑且这样放"的情况发生，收纳盒之间不能留有任何空隙

**LDK**　客厅、餐厅看上去宽敞舒畅。这里容易集中零碎物品，所以，当初在装修的时候，松居特意设计了许多壁柜并在操作台下预留了大容量收纳空间

## MY WAY　我的方法

### 为提高行动效率
### 固定物品的位置，就会比较轻松

● 判断物品去与留的标准是什么？
综合考虑物品的使用频率，是否好用，款式及是否在生活方式改变时依然可以使用。

● 在整理时，最重要的事情是什么？
如果很难使物品归位，物品就会不断地涌出。所以，最重要的是可以轻松地物归原位。

● 决定收纳方法的标准是什么？
重视效率。

● 选择收纳用品的标准是什么？
想添购物品时，购买随处可见的常规款，收纳用品的颜色以白色为主。

● 如何整理家人的物品？
松居的长子的惯用脑型是左左，次子是右右。整理时家人不能使用同一方法，要寻找适合各自的整理方法。

● 舒适生活的秘诀是什么？
无论物品大小，都要把它们收纳到固定的位置。15 分钟可将所有物品归位。

**DINING ROOM**
**（餐厅）**

　　松居女士的餐桌兼有办公桌的功能。餐桌旁的壁柜里放与工作相关的文件、文具。壁柜底层放置传真机、打印机等办公器材

**LIVINGROOM**
**（客厅）**

　　厨房操作台的下面，收纳了全部家庭成员的药、工具及不常用的书。因为考虑会放一些书和文件，所以松居选择了进深可以放入 A4 纸大小的收纳用品

随着"不做也 OK 的家务"增加，属于自己的时间越来越多

**北村**
Megumi Kitamura

　　规划整理师。生完小孩便转型为全职主妇。

　　每日忙于家务与育儿，向往属于自己的生活，并开始关注整理。

　　以"妈妈享受自己的时光，过着理想中的生活"为努力目标，开始了 MAMA-LifeStyling（妈妈的主妇时光）。

Data（资料）
● 地板面积：66m²
● 格局·住宅类型：2LDK（2间卧室、1间客厅、1间餐厅、1间厨房）·三代人同住的住宅
● 房龄：9 年
● 家庭成员：北村、丈夫、3个孩子、父母
● 公公婆婆住在一层，北村一家住在二层
● 居住地：千叶

惯用脑型
Input 右脑　Output 右脑

　　生完孩子成为全职主妇，家务量增多的同时，还要兼顾育儿琐事，北村女士说："生活中几乎没有自己的时间。"在第二个孩子出生前，这种焦躁感让北村濒临崩溃。恰逢此时，她从书中得知高效做家务的方法，虽然在不断减少无效的家务劳动，但却会被妈妈群里的朋友表扬"你真是勤于家务啊！"

　　为此，北村"把整理当作事业"而取得了规划整理师的资格。随着深入学习，她认识到以前自己的整理只限于语言上的"把物品扔掉吧！""快收拾吧！"还在无形中带给家人很大的压力。

　　如今作为育有三个孩子的职场妈妈，北村不再做那些无效家务，而是动脑筋构建家人自己也能轻松做到的整理方式，使得自己和家人都可以轻松、舒适和幸福地生活。

　　北村说："我想为那些职场妈妈们提供不做自己不擅长的家务，也可以成为整理高手的简单整理方案。"

大型晾衣架上可以挂暂时不用洗还可以穿的针织开衫、大衣等。下面的收纳盒可以临时存放睡衣等衣物

先生脱下来的西服套装可以方便地挂在墙上，除湿、去尘。第二天需要换新的西服套装时，再把它放回衣柜

**BEDROOM（卧室）**　寝室里设置步入式衣帽间。墙壁上的挂钩、大型晾衣架组成临时挂放衣服的空间，这是轻松收拾的整理方式

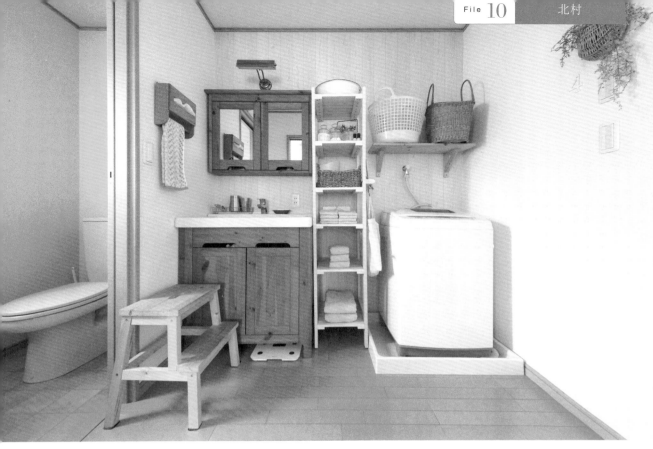

**WASHROOM（盥洗室）** | 盥洗室是客人也会使用的场所，所以应使用天然装饰材料，这让人感觉这里是"疗愈的空间"晒衣服用的衣架放在藤筐里，把垃圾袋、擦桌布等扫除用具放在竹筐的里面不起眼的地方

吊柜门上附有镜子，门的内侧钉有小挂钩用来挂手表。每次洗手前都会摘下手表，所以将放手表的位置固定在这里

将毛巾放在孩子们触手可及的低一点的位置，每人常备两条面巾

将浴盐、棉棒放入能看得见的玻璃容器里，好像可以听到"展示与收藏"的旋律

## MY WAY　我的方法

### 不仅限于功能性强，还要满足情感的需求

● 判断物品去与留的标准是什么？
物品是否可以使自己获得丰富的时间，心灵上得到满足，可以疗愈自己，是否令自己满意。

● 在整理时，最重要的事情是什么？
不拥有过多的物品，也不过分地丢弃物品，更不要自以为是。

● 决定收纳方法的标准是什么？
选用使用者可以轻松、持续使用的方法，配合实际生活的活动路线，且不破坏房间的整体风格。

● 选择收纳的用品的标准是什么？
收纳的物品应是天然的、简单的和柔软的。

● 如何整理家人的物品？
随着生活方式的变化与个人成长，调整收纳方法。

● 舒适生活的秘诀是什么？
留下生活必需品，选择适量喜欢的物品，养成每日物归原位的习惯，并且定期招待朋友。

# 规划整理在全球的现状

　　目前，全球已经有一部分国家的公司职员、商业人士、全职主妇等因整理而烦恼，这种局面并非只出现在日本。下面以美国为代表，向大家介绍世界各国规划整理的现状。

---

　　规划整理的基础源于美国规划整理师所成立的职业团体，其中最大的团体美国规划整理协会（National Association of Professional Organizer，NAPO）拥有约 3800 名以上的会员（2016 年），其特点是会员在自己擅长的领域从事规划整理的专业活动。其内容不仅针对住宅、办公室的空间整理，还涉及生活、人生、时间、金融资产等方面。

　　NAPO 的合作团体慢性病失序研究所（Institute for Challenging Disorgaination，ICD），主要针对注意力缺失症、阿尔茨海默病和霍奇金病等大脑功能障碍所导致的慢性失序的人群，提供帮助与支持的专业研究团体。在 2011 年 3 月，日本生活规划整理协会与 ICD 合作，定期进行信息交换，共享生活规划整理认证（Certificate of Life Organizer，CLO）资格认定。

　　在美国，人们普遍认为规划整理与人的心理有着密切的联系，因此针对"慢性行为失序者"的心理咨询专家、心理治疗师也会介入，一同协助患者解决问题。

　　由于资讯与物品的泛滥，整理过多的资讯和物品的需求已经扩大到世界各国。2007 年规划整理协会国际联盟组织（International Federation of Professional Organizing Associations，IFPOA)成立。该组织成员有 NAPO、ICD，还有加拿大规划整理协会、大洋洲协会、荷兰协会，日本生活规划整理协会于 2012 年加盟该组织。2015 年英国协会也加入该组织，规划整理的理念在全球得到推广。

# Part ②

## 规划整理的推进方法

规划整理是谁都可以实现的具有再现性的整理方法。
在进行整理之前，需要了解"思想上的整理"与"惯用脑"的概念，同时也需了解具体的整理、收纳的步骤，以及如何顺利地完成整理工作，下面会通过规划整理师的体验报道向大家详细介绍。

Life
Organize 高效生活整理术

规划整理专家的教科书

# 不能整理的原因是什么?

## 首先来看看自己的行动类型及思考习惯

物品摆放得乱七八糟,
用完的东西不能归位。
令人如此烦恼的原因,
其实是无意识的行为。
规划整理的起点是从"认识自我"开始的。
下面进行两方面的自我测试。

### Self Check ❶
## 检测行动类型

"没有时间""收纳空间太小""孩子太小"等,
不能整理的理由多种多样,其实不能整理的
最大原因是整理的方法不适合自己的惯用行
为方式。在此,首先来测试一下自己的行为
类型。

**核对相应情形的行为,
对符合的进行勾选。**

Check ①

- ☐ 幼年时期与祖父母同住 ( 或现在一起生活 )
- ☐ 换掉的几部旧手机依然保留着
- ☐ 保存着电影或演唱会的票根
- ☐ 不合尺寸的衣服 "长眠" 在衣柜里
- ☐ 一次性筷子、勺子在家堆积如山
- ☐ 存放着大量的包装纸、纸袋 ( 特别是名牌商品的纸袋 )
- ☐ 依然保存着 20 世纪的纸质电话簿

Check ②

- ☐ 把沙发和餐椅当作挂衣架
- ☐ 经常忘记关电视及其他家电的电源
- ☐ 会把没读完的书或杂志放在桌上或地板上
- ☐ 常因随手放手机和钥匙而到处寻找
- ☐ 把旅行归来用过的书包随意摆放
- ☐ 被虫蛀过的毛衣虽然不再穿但仍旧存放着
- ☐ 洗好的衣服没有及时收拾,常会从衣服堆里抽拽衣服出来

Check  3

☐ 小件零碎物品没有固定的存放位置，会把它们暂时放在抽屉中

☐ 收纳空间里只要有空隙就想塞进物品

☐ 因壁柜、衣橱内的物品过多而不好打开柜门

☐ 打开橱柜时，里面的东西会像雪崩般纷纷落下

☐ 开抽屉拿东西时，会经常带出抽屉里的其他物品

☐ 衣橱里的衣服叠放得太满，导致衣服上出现褶皱

☐ 不拘小节

Check 4

☐ 遇到降价打折就会囤积餐巾纸等物品

☐ 最喜欢逛"百元店"※

☐ 通过购物来缓解压力

☐ 被店员推销时会购买计划外的物品

☐ 会暂时收下别人白送的物品

☐ 最爱新产品的试用装、赠品等

☐ 每年都会购买"福袋"（将多件商品装入袋子或盒子中，打包进行销售）

Check 5

☐ 洗碗池里经常有还未清洗的东西

☐ 喜欢看家装及收纳方面的书，但基本上没有实践过

☐ 不擅长手工

☐ 曾被认为是容易放弃的人

☐ 觉得"在家里闲待着"是特别幸福的事

☐ 从未想过什么是有效的收纳

☐ 现在（曾经）有过期1年以上的调味料

写下测试的数目

Check ❶ ＿＿＿＿＿＿＿＿＿ 个

Check ❷ ＿＿＿＿＿＿＿＿＿ 个

Check ❸ ＿＿＿＿＿＿＿＿＿ 个

Check ❹ ＿＿＿＿＿＿＿＿＿ 个

Check ❺ ＿＿＿＿＿＿＿＿＿ 个

 **在下页查看测试结果，勾选项数目最多的那栏可能就指出了你不能整理的原因。**

※百元店是日本大创集团旗下的商店，其贩卖的商品价格一律为100日元（约合6元人民币），从食品、化妆品、生活日用品到文具、小五金商品等，一应俱全。

37

**Check 1**

## 执着恋旧型

与其说你不擅整理，倒不如说你是因为有太多的东西而无从下手。"扔掉会很浪费""没准什么时候会用"，诸如此类的想法使你对物品越来越难放手，这使你很容易囤积物品。判断物品的去与留时，以"使用/不使用"为标准，会比较有效。

**Check 2**

## 姑且放置型

生活中的你是否经常把脱下的衣服随手一放，吃完饭后的餐具也要等会儿再收？"先凑合着"已成为了你的口头禅。试着把"一会儿再说"换成"立刻行动"，生活会有很大改变。检查家中整理收纳的配置是否适合你的行为习惯，是非常必要的环节。

**Check 3**

## 假"洁癖"人型

你的特征是注重外表上的整洁，而不深入，只是把东西都塞到看不见的地方而已。乍看上去，你的房间干净整洁，但收纳柜里的物品却乱七八糟。你适合使用方便顺手、取放自如的收纳方法，展示要收纳的物品也是不错的主意。

**Check 4**

## 喜爱购物型

你对"值得买""赠品"这些诱惑完全没有抵抗力。购买物品及获得的赠品，导致家中物品不断增多。你是否经常冲动购物呢？要对自己所拥有物品的数量和自己是否真正的需要它，进行有意识的判断，从这点着手开始整理会比较有效果。

**Check 5**

## 轻松随意型

你憧憬时尚漂亮的房间装饰，同时又常会把"太麻烦了"挂在嘴边。即使房间乱糟糟的，你也可以忍受。关键是找到简单可行的方法，收拾起来方便，东西摆在外面看上去也不错，这样的收纳方法比较适合你。

**Check 6**

## 综合放任杂乱型

因为导致房间杂乱的原因不止一个，所以不知从何入手进行整理。首先，将自己确定不要的物品马上处理掉，再思考自己选择物品的优先顺序，然后找出自己勾选项目最多的类型及对策，从这里试着开始你的整理之路吧。

# 检测 "惯用脑型"

在规划整理中，了解自己的线索之一，就是知道左右脑各自所擅长的部分等于惯用脑。我们的大脑有左脑、右脑之分，其功能也各不相同。

所谓"惯用脑"，就像我们生活中常见的"惯用手""惯用脚"一样，是在我们思考并付诸行动时，无意识地优先使用的脑型，这就是自己的惯用脑。了解到让自己心情愉快、自然顺利地使用的是右脑还是左脑时，就会找到令自己轻松的可行的整理方法。

接下来对"输入信息时的惯用脑"与"输出信息时的惯用脑"进行测试。输入信息是指大脑从外界接收信息并了解掌握。输出信息是指大脑将获取到的信息进行整理并以具体行动表现出来。运用到整理上，找东西时会用到大脑的输入部分，而将物品放到原来的收纳位置就会用到大脑的输出部分。了解两种脑型的功能倾向可以帮助我们找到"方便找寻、容易归位"的整理方法。

### 左右脑擅长的领域及所分担的功能

| 左脑 | 右脑 |
| --- | --- |
| 说话 | 灵感 |
| 写字 | 直觉 |
| 分析能力 | 影像 记忆 |
| 逻辑 | 艺术性 创造性 |
| 科学的思考 | 空间性 |
| 推论 | 纵观整体的能力 |
| 辨识语言 | 即时处理资讯 |
| 计算 | 读取图形 |
| 数学理解能力 | 聆听音乐 |

- 负责身体的右半边
- 对每件事物有意识地、阶段性地接受，理性地处理
- 擅长日常重复的行为模式（routine work）
- 辨别事物细微的部分

- 负责身体的左半边
- 凭直觉无意识地接受事物
- 唤起感情中枢
- 感知来自环境的意外刺激（外敌攻击等），辨认空间的相互关联（识别安全场所）

## 你的惯用脑型是什么呢？

测试一下你输入时的惯用脑与输出时的惯用脑。
Input（输入）=握手（检测接收信息时的惯用脑型）
Output（输出）=抱臂（检测使用信息时的惯用脑型）
双手自然地交叉相握。
看看位于下面的是哪只手，就可以发现你的惯用脑型。

### 输入＝握手

如图所示，双手相握，看看哪只手的拇指在下面

**左手拇指在下**
➡ 左脑型

**右手拇指在下**
➡ 右脑型

### 输出＝抱臂

如图所示，双臂交叉，看看哪边手臂在下方

**左臂在下**
➡ 左脑型

**右臂在下**
➡ 右脑型

 **四种惯用脑型请参照下页**

# 四种惯用脑型的特征

## Input：左脑　Output：左脑

  **脑型**

基本特征

- 做任何事都考虑风险的"慎重派"。
- 相比结果，更重视过程。
- 比较擅长处理数字、算式、文字信息。
- 外表简洁就好，更重视内容。
- 相比款式，会优先考虑功能性与合理性。

整理时表现出来的特征

- 倾向使用一成不变的整理方法。
- 擅长按照使用频率对物品进行分类。
- 不擅长利用没有划分区域的自由空间。
- 喜欢用标签、列表管理物品。
- 擅长物品的分类和集中管理。

## Input：右脑　Output：右脑

  **脑型**

基本特征

- 情绪丰富，表现力强。
- 精通音乐与艺术。
- 对不感兴趣的事情很难坚持。
- 相比合理性，更相信直觉，重视情感。
- 容易受情绪影响而优柔寡断。

整理时表现出来的特征

- 按照空间来设定物品的位置。
- 不擅长物归原位。
- 适合粗略的整理。
- 喜欢取放自如的收纳方法。
- 使用增强美感的收纳用品，可调动积极性。

## Input：左脑　Output：右脑

  **脑型**

基本特征

- 想法与实际行动不一致。
- 有自己独特的讲究细节之处。
- 相比外形，更注重内涵。
- 容易陷入自己的妄想中。
- 比预想的更快地把物品恢复原状。

整理时表现出来的特征

- 非常喜欢变换样式。
- 凭感觉行动，对收纳的构思有独到之处。
- 不太愿意参考他人的方法。
- 找到适合自己的收纳方法，整理就会顺利进行。
- 容易忘记看不到的日用品。

## Input：右脑　Output：左脑

  **脑型**

基本特征

- 任何事都想自己做决定的完美主义。
- 动手能力强，有品位。
- 对"最新产品""限量产品"没有抵抗力。
- 意料之外的固执。
- 对没有把握的事情也不轻易放弃。

整理时表现出来的特征

- "从外形入手"会干劲十足。
- 重视形象化空间。
- 喜欢按功能划分物品。
- 不擅长埋头、踏实地整理。
- 在选择物品时会花费很长时间。

## 检测行动特性

　　惯用脑型会根据环境及后天的训练产生变化。比如从事数字、计算等财务工作、调研工作的人群，大脑在接受后天的训练后，其行为模式会逐渐接近左脑型的行为模式。后天形成的特性也可以在"行动特性"中检测出来。

### 左脑型的特征

☐ 习惯埋头苦干，逐步完成工作
☐ 喜欢提前制订计划并按计划行事
☐ 擅长安排优先顺序
☐ 做任何事都是事前拟定计划
☐ 喜欢"格式化、框架化"
☐ 完成计划后无比喜悦
☐ 随时会物归原位
☐ 一次只能专心做一件事
☐ 可以轻松执行计划
☐ 喜欢处理文件
☐ 从头到尾读一本书，不跳过任何章节
☐ 购物时会按事先列好的清单购买物品
☐ 擅长归档
☐ 喜欢一个人独自工作
☐ 会依照说明指南操作
☐ 约好见面时间，就不会迟到
☐ 不认为例行工作是一件痛苦的事情

符合的选项总数　　　　　　　　个
合计数　　　　　　　　　　　　个

### 右脑型的特征

☐ 喜欢一气呵成地做事
☐ 做事经常会拖延
☐ 做事不擅长安排优先顺序
☐ 抱有"车到山前必有路"的想法
☐ 喜欢做事时有机动性
☐ 喜欢集思广益，互相讨论，各抒己见，从而引发灵感的集体思考方法
☐ 将物品摆放在自己的可视范围内
☐ 同时可以做几件事
☐ 不擅长预测实际工作中所花费的时间
☐ 认为自己不擅长处理文件
☐ 读书时会跳跃章节
☐ 购物时不会拿着购物清单，而是在店内边逛边看，随意购买
☐ 不擅长分类归档
☐ 有人陪伴，才会顺利开展工作
☐ 不愿看说明指南，喜欢自行研究
☐ 经常会不按时赴约
☐ 不喜欢每天重复同样的工作

符合的选项总数　　　　　　　　个
合计数　　　　　　　　　　　　个

测试中，两组符合的选项相差 3 个以上，则选项多的一方代表你的行动特性。

　　两组选项数目相差少于3个的人，属于左右脑均衡使用，保持了很好的平衡状态。
　　通过检测行动特性，我们了解到，工作、环境等后天因素对我们的行动特性产生了巨大影响（占70%）。
　　因此，如果在握手、抱臂测试时呈现的惯用脑型与行动特性检测的结果不同时，要以行动特性的结果作为优先考虑。

# 让我们开始规划整理吧！

## 了解规划整理的手法与步骤就可以轻松、顺利地整理了。

规划整理是任何人都可以做到的具有再现性的体系化整理手法（再现性是指无论是谁、无论在何处，重复做某件事而产生相同的结果）。

规划整理分为三个步骤，在逐一进行每一步的过程中找到最适合自己的整理方法，便可构建适合自己的整理框架。

让我们脚踏实地、按步骤进行到底。

## 规划整理成功的秘诀是在进行整理前明确价值观

通常提到整理，人们马上会联想到处理物品，在收纳位置上动脑筋、下功夫，而规划整理是以把握整体、掌控全局为起点的。它包含了明确自己的价值观，了解自己的行为习惯和自己的惯用脑型。

"我想过怎样的生活？""什么对我来说是最重要的？""想要以什么样的方式生活？"搞清楚这些问题的答案，会帮助我们清晰地了解自己的价值观。

价值观也是我们判断物品去与留的基准。明确这一基准后，再遵循规划整理的三个步骤："减少""整理""维持"，便可保证规划整理顺利地进行。

暂时将"想立刻改变""马上整理眼前凌乱局面"的心情放在一边，按照规划整理的顺序，一步一步地进行。

请先来回答下面 5 个问题。

规划整理的手法与步骤

## 确认自己的"理想"与"价值观"

**Q1** 想要过怎样的生活？
把能够想到的尽可能具体地写下来。

**Q2** 当下对自己来说最重要的是什么？
试着多写几个可以想到的关键词。

**Q3** 理想中的生活与现实之间存在着怎样的差距？
试着把存在的所有差距都写出来。

**Q4** 最想改变的地方（事情）是哪里？

**Q5** 为此，今日（或者 1 周之内）可以做到的是什么？

## Step ❶ 减少

- 选择
- 分类
- 清除（放手）

具体操作的第一步是"减少"。如果所拥有的物品大于收纳空间的容量时，就需要减少物品。

规划整理本着"不从丢弃物品开始整理"的宗旨，这里所说的"减少"并非丢弃物品，是为了选出自己最珍贵、最重要的物品，而对其进行分类的方法。在"减少"这一阶段，首先要把握整体，了解自己所拥有的物品。将所要整理的物品，从收纳空间中全部拿出来，摆放在面前，一一进行选择分类。

提到选择，我们常会用"要？""不要？"这种二选一的方式对物品进行选择，这样会让我们在犹豫不决中浪费掉很多时间，而即使减少了物品，心里也依旧对丢弃的物品无法释怀。在此，推荐用四个范畴区分物品的分类方法。

四分法是按照自己容易判断的基准来做决定的，所以在这之前明确价值观非常重要。根据惯用脑型的特征倾向来确定分类基准，可以参考左下角惯用脑型的其他关键词，尝试多种分类方法。

### "减少"的操作步骤

将物品全部拿出来

↓

根据关键词分类选择物品

↓

| 将留下的物品放入收纳空间 | 将不要的物品清除、处理掉 |

### 为了"选择""分类"采取的矩阵图四分法

对物品进行分类时，不用以往二选一的方式，而是采用将物品大致分成四个矩阵的方法进行分类。以两条向量轴组合分成四个矩阵，使用三个关键词外加其他来定义这四个矩阵，找到自己容易对物品进行判断的矩阵。

比如重视情感的分类法"4Ts 划分法"等，请参考惯用脑型其他关键词来分类。

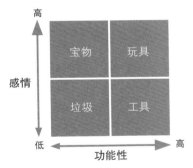

高

| 宝物 | 玩具 |
| 垃圾 | 工具 |

感情

低 ← 功能性 → 高

4Ts 矩阵划分法

这是重视"情感"与"功能性"为向量轴的分类法。4T 是英语单词 Treasure（宝物）、Toys（玩具）、Trash（垃圾）、Tools（工具），这 4 个单词的首字母组合。

### 惯用脑型的其他关键词

脑型

擅长理性思考，建议以时间轴、使用频率作为关键词。

脑型

相比道理，更注重感觉，推荐以"喜欢／讨厌"这类情感表达的关键词为轴。

脑型

非常重视自己的方法，不必介意常识，关键词是"自己明白就好"。

脑型

既要求合理性，又注重感觉，可综合使用频率与情感等多项关键词。

## Step ❷ 整理

- 配置
- 保存
- 恢复

处理完不需要的物品后,接下来进行"整理"工作。想收拾房间,改善收纳空间的时候,首先要做的是"减少物品","减少"和"整理"两个步骤经常容易混淆而同时进行,但规划整理要明确地将两个步骤分开操作,才会使整理过程进展得更顺利。

整理分为"配置"物品、"保存"物品和将物品"复原"三个部分。

● 配置
通过思考将物品放在什么位置和如何摆放更便于使用、收拾,来决定放置物品的位置。
● 保存
思考平常不用却需要长期保存的物品放在何处、如何摆放更为妥当。
● 复原
将物品有瑕疵、污垢、损坏的地方进行修整或修缮,使其恢复曾经的最佳状态。

在"整理"这一环节中,重点是思考将物品放置在何处才最方便自己使用,收拾起来也更便捷,以此为依据来决定物品的固定摆放位置。

通常"衣服放在衣橱里""食品放在厨房"类似这样的常规做法是否便于自己的行动与生活,还真不能一概而论。打开思路,打破常理,仔细想想把物品放在什么位置、如何收纳,才能让自己轻松自在地使用物品?

## 具体的收纳流程

**实测**
正确掌握收纳空间的尺寸。将收纳空间内的所有物品全部拿出后,测量内部空间,做好这些的要点是不能忽略收纳空间内细微的凹凸位置

↓

**划分区域**
根据物品的使用频率、使用场合,大致决定(不要细分)物品的摆放区域

↓

**思考收纳方法**
从物品使用方法、自己的惯用脑型特征和行动类型这三方面思考,是将物品"摆放在某处""挂起来收纳",还是"收藏在抽屉里"。在众多收纳方法中,选择适合自己的收纳方法

↓

**选定收纳用品**
决定收纳方法后,再选择收纳用品。一定要实际测量物品和收纳空间的尺寸

↓

**配置**
按照划分区域时决定的位置来实际放置物品。可以先试放一段时间再最终确定

↓

**进行收纳工作**
使用收纳用品,将适量物品收入收纳空间

### 将"整理"顺利进行的要点

- 不要一开始就选择收纳用品。
- 准确掌握物品和收纳空间的尺寸(进行实地/实物测量)。
- 由自己决定物品适当的数量。
- 清楚物品的使用场合、使用频率、物品的重量及使用方法。
- 自己的惯用脑型、行动特性决定物品的固定位置和收纳方法。
- 集中收纳相同类型的物品。
- 避免使用复杂的、不易取放的收纳用品。
- 收纳用品最好选用方便购买到的基本款式,以便日后添置。

## Step ❸ 维持

- 使用方法
- 优化（改良）方法
- 修正方法

在规划整理中，最重要的步骤就是"维持"。经过对物品的减少、整理和合理收纳后，最终把房间打造成舒适空间，但若认为这样就大功告成，从此可以高枕无忧地舒适生活，那可就大错特错了！

要维持整理后的空间，就需要将整理变为习惯化的工作。为此，要反复操作以下三种方法，在重复的过程中找到适合自己的方法。

● 使用方法
哪种收纳方法可以保持舒适的状态？

● 优化（改良）方法
如何将现有方法进行改良？

● 修复方法
整洁状态被打破后，如何顺利恢复整洁状态？

很少有人可以一次就找到完全适合自己的完美整理方案。整理好的房间变得杂乱时，想将其恢复成令人舒适的空间却总不能顺利完成。遇到这种情况，就要动脑筋思考"到底哪里出现了问题？是不是现在这个方法不适合自己？"找到原因，再重新调整物品的配置与收纳方法。

不必担心！就连本书中出现的规划整理专家讲师们，也是经历了很长时间，经过不断思考、反复操作，才构建了适合自己的整理框架。

朝着自己期待达成的目标，轻松愉快地进行第三步的工作吧！

### 把生活空间打造成理想状态所要付诸的行动

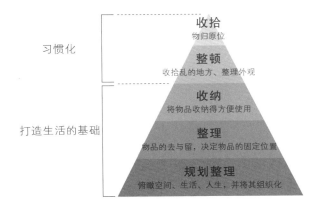

习惯化
- 收拾 物归原位
- 整顿 收拾乱的地方、整理外观

打造生活的基础
- 收纳 将物品收纳得方便使用
- 整理 物品的去与留，决定物品的固定位置
- 规划整理 俯瞰空间、生活、人生，并将其组织化

### "习惯化"的要点

- 找到持续可行又简捷的方法。
- 设定期限、留出富裕的时间。
- 目标设定要简单、明了。
- 先从简单的步骤开始。
- 不要同时做几件事，要一件一件逐个完成。
- 研究更容易被接受且不会忘记的方法，反复操作并养成习惯。
- 找到可以帮助自己的人。
- 制定针对特例的原则。

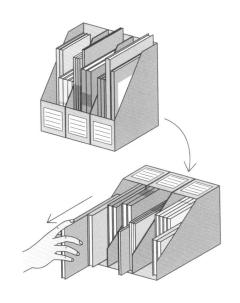

# 收纳空间的实地
# 测量要点

在第二步的"整理"工作中,最重要的是准确无误地对收纳空间及所需收纳物品的尺寸进行实地测量。

在掌握尺寸的基础上才能选择合适的收纳用品,方便地进行收纳,从而使第三步"维持"的工作得以轻松完成。

在此,以日式壁柜和衣柜为例,给大家介绍实地测量的操作要点。

## 实地测量时需要注意的重点

- 即使看上去是方形的空间也有凹凸不平之处。注意不要漏掉踢脚线、开关、电源插座、门框等。
- 收纳用品的尺寸,要比实际收纳空间的尺寸小1cm。
- 收纳用品的尺寸要分别小于门宽和进深3cm。
- 如果是推拉门,要注意中间重叠部分,测量有效开口的尺寸。
- 选用宽25mm,长度5.5m以上的卷尺,更方便使用。
- 绘制图纸时,准备好三棱尺。绘制家具图时以1∶30的比例缩小,绘制房间整体图纸时以1∶50或1∶70的比例,更容易理解。

## 壁橱测量时需要注意的重点

- 测量进深时,要剔除踢脚板的厚度。
- 测量宽度时,门框的内侧才是有效开口尺寸。需要剔除推拉门重叠部分的尺寸。
- 测量高度时,要分别测量各个隔断的高度。

## 衣橱测量时需要注意的重点

- 要注意门的折叠部位。测量宽度时,要将门全部打开测量尺寸。
- 如果是向内开的折叠门,需要剔除门厚度的尺寸。
- 不要忽略踢脚板的凹凸部分,要对其分别进行测量。
- 如果有管道,要从管道下方开始测量高度。
- 如果是要拆掉管道进行收纳的情况,则要从隔板下方开始测量高度。

### 词解

**踢脚线**
地板与墙壁接缝的地方贴的木质板材。西式房间中被称为"幅木"。

**敷居(门槛、下框)**
分隔房间时在地上设置的木条,一般在推拉门、推拉窗或隔扇的下方。

**鸭居(上档)**
横挂装在推拉门、隔扇等开口部上端的带沟槽的木质板材。

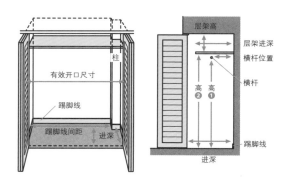

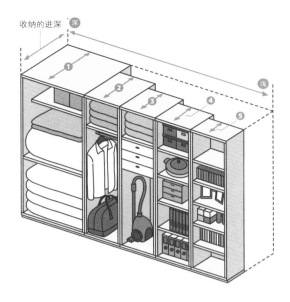

# 有关收纳的进深
# 与高度

　　大部分物品都是按"固定尺寸"被制成标准的大小，居住场所的收纳空间也同样具有标准尺寸。如果能记住收纳场所、物品等各自的标准尺寸，就会使第二步"整理"过程中的"配置"工作变得简单轻松。

## 方便使用的进深与高度

### 进深

　　站着将手肘靠在身上时能够触及的 30cm，以及可以轻松伸长手的 50cm，是最方便使用的深度。

### 高度

### 75~95cm

● 抽屉的最高限度位于视线的下方。如果抽屉的高度在下巴下方附近，就可以轻松地确认里面的物品。

● 方便使用的高度是从地板往上 45cm（膝盖附近）到下巴为止。

　　站立时自然垂直手臂，使用掌心以下位置的抽屉时就需要蹲下。

方便取放物品的顺序为：中➡低➡高。

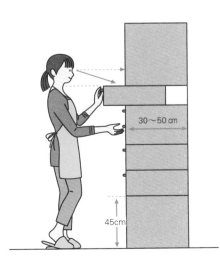

30～50 cm

45cm

## 收纳的进深与适合的用途

### ❶ 壁橱尺寸

### 75~95cm

　　有 75cm 的集中住宅尺寸，88cm 的江户间尺寸（江户间尺寸是指关东地区房屋的标准尺寸），95.5cm 的京间尺寸（开间尺寸）。

　　壁橱主要是用来收纳被褥。将垫被、被子、床垫等折成三折。壁橱用的收纳箱尺寸一般为 70~74cm。

### ❷ 衣橱尺寸

### 60cm

　　衣橱的进深根据衣服的肩宽而定，用以收纳悬挂类衣服和手提箱。

### ❸ 柜橱尺寸

### 45~50cm

　　抽屉内的进深标准值为 45cm。可收纳叠好的衣服、电风扇、吸尘器、缝纫机等。

### ❹ 彩色收纳箱尺寸

### 30~40cm

　　用来收纳书、A4大小的文件（30cm×21cm左右）、餐具、锅、食物存活、鞋、横式文件盒（进深为32~33cm）。

### ❺ 文库本※尺寸

### 15cm

　　文库本用来收纳字典、CD、DVD、化妆品、相框等小件物品。

※ 文库本：日本的一种廉价记事本。

# 专业人士的整理
# 体验报告

### 参考规划整理师的实际
### 操作流程

　　规划整理师到底是如何协助客户进行住宅搬家整理和办公室搬家整理的呢？

　　从体验报告中，我们可以身临其境地学习她们从如何协助客户找出不能整理的问题所在，到达成最终目标，使整理"习惯化"的全过程。

客户（体验者）

### 藤冈信代

自由编辑，本书的编辑。擅长室内装饰自居，但非常不擅长整理。职业性质上的惯用脑型为左左型。

### 无法整理搬家后的行李，只能借助专业人士来帮助消除积攒已久的压力。

　　这位规划整理的体验者，是为了与一直独自生活的母亲同住而刚刚搬入公寓的我——编辑、撰稿人藤冈信代。原以为与母亲两口人的物品加起来也没多少，因而租住了 80 平方米的两居室，但实际物品的数量却超乎想象。本应收在厨房的物品，还在搬家时的纸箱里，摆在客厅里到处是。我和母亲每天被纸箱包围，这种生活令我忍无可忍。真心需要规划整理师协助我整理大量的物品，把厨房、收纳场所打造成方便母亲使用的场所。

事前沟通

　　"这种情况还是借助专业人士的力量效果更快"，向我毛遂自荐的是会田麻实子女士，一位开朗、温柔的规划整理师。过着清爽和时尚生活（第 56 页介绍）的她竟坦言自己其实是个"超级马大哈"。

　　接下来我们便迅速以邮件形式展开事前沟通。"目前最大的困扰是什么？""希望过上怎样的生活？"针对以上问题做出明确回答，把想整理的地方拍照并发送给对方，同时，自己也整理思绪。这次我最大的希望是家居环境"方便母亲使用"。事前还对我与母亲的惯用脑型（右左型）进行了测试。

乍一看好像是经过整理的柜子里实际上是一团糟。我个人的厨房用品、餐具等，还有 7 箱没开封，被放置在一旁。自己处于完全不知所措的思考停滞的状态

### 规划整理师

作业监理
### 吉本 TOMO KO

日本生活规划整理协会理事，致力于培养住宅空间的规划整理师

时尚收纳监理
### 铃木尚子

SMART STORAGE 代表。活跃在杂志、电视节目中的超级规划整理认证讲师

责任担当
### 会田麻实子

规划整理认证讲师。重视思想上的整理，提出的"独具自我风格的整理"方案深受好评。擅长可视化的展示收纳法

## 咨询

这次规划整理工作耗时3天，其中面对面沟通与现场调查为一天，实际操作作业为2天。

第一天面谈沟通时，会田女士拿来她根据我发给她的相片和户型图而绘出的房间示意图。根据示意图对厨房、纸箱物品，进行了实际检查，同时确认我想如何改善现状。

我的愿望大致有三点：

● 将没有开箱的行李（我的物品）放到收纳空间，便于使用。
● 厨房的主要使用者是母亲，所以希望将厨房归置成便于母亲使用的场所。
● 把客厅堆积成山的纸箱清理干净，想拥有轻松舒畅的空间（眼泪）。

彼此商谈确定了整理的方向后，会田女士给我发来了她总结的整理方案书。

### 1 初次咨询

"想怎样？"当面咨询时找到目前的问题所在和明确理想化生活。

一起谈论现状时，接踵而至的压力的根源越来越清晰。当回答会田女士提出的出乎意料的问题时，我一下子有了如梦初醒的感觉

### 2 实测与拍照

对需要规划整理的房间（这次主要是厨房）的收纳空间进行实地测量，拍摄记录用的照片。

乍一看，橱柜里的餐具抽屉里的料理用具好像很整洁，仔细确认实际上完全不方便使用。把"你希望怎么改造"作为作业去思考

不知道该在这个位置放什么。
（藤冈）

将盐和砂糖放在抽屉柜用起来方便吗？
（会田）

把微波炉放在餐厅怎么样？
（会田）

### 3 提出作业方案书

经过初次咨询后，规划整理师根据目前的问题和改善方案，总结出整理方案书并发给我。

## 减少

在确认了规划整理方案书的内容后，接下来要开展实际的整理工作了。整理工作进行了两天。第一天是整理的第一步"减少"（参考第49页）。规划整理的实际作业将"减少"物品与收纳物品"整理"的步骤分开进行，这也是规划整理的关键。

要将全部物品拿出来进行选择分类，确保餐厅作为操作空间，将厨房的物品陆续拿出来，未开箱的物品也拿到餐厅，集中在一处进行作业。

当所有餐具堆满餐厅地板上时，我感觉"东西是不是太多了？"将餐具分为四个矩阵。按照"使用""想使用（虽然目前不用）""招待客人用""其他"进行分类。其中在接待客人的矩阵里有很多"可能不用"的餐具。

最终将分类到"其他"的物品作为候补处理对象放入箱子，在箱子上贴上"待处理"的标签后另行保管。将剩余物品放到收纳场所。在给餐具分类时，做饭工具里竟也有很多是"待处理"物品，真是让我大吃一惊。

将餐具分完类后，我才意识到自己竟有这么多东西

### ⑤ 分类

按项目把物品分成四类。

给餐具分类时使用的关键词
● 使用
● 想使用
● 其他
● 接待客人用

| 其他 | 使用 |
|------|------|
| 接待客人用 | 想使用 |

### ⑥ 将可以处理的物品另做打算

在这个阶段，将已决定处理的物品再按处理的去向进行划分，并在上面做出标记。
对没有确定去留的物品可以装箱，并在上面注明"保留""随后检查"。

### ④ 开始作业。把所有物品拿出来

将厨房收纳的所有物品和纸箱中的物品全部拿出来，按项目分类集中。

将取出的餐具递给会田女士，一一进行分类。因为分了四个矩阵，所以可以很快把物品归入相应类别的矩阵里，整理工作进行得出乎意料的顺利

### ⑦ 测量收纳空间的尺寸，将剩下的物品先试着放入收纳空间

按计划里的收纳场所试着还原物品。如需添置收纳用品，不要忘记测量收纳空间的尺寸。

添置收纳用品时，要腾空收纳空间以正确测量尺寸

### ⑧ 准备必要的收纳用品

现有的收纳用品可以再利用。添置同款收纳用品会让人在视觉上感到清爽

## 整理

第三次作业是在次日进行的。会田女士麻利地调换了隔板的位置，将其安装在洗碗池下面的收纳柜里，并依次把餐具和做饭的工具收纳进去。这次的规划整理，在收纳过剩物品的同时，以打造母亲方便使用的厨房为主要目的。

收纳方针如下：

● 在对于矮个子母亲来说方便使用的位置收纳经常使用的物品。

● 将不常用的物品（我的物品）放在收纳空间的上方。

● 集中收纳招待客人用的餐具。

这样一来即使不常用的物品也可以使用收纳用品有效地将其收在洗碗池下面柜子里的空地方和吊柜里。

**9** 决定物品的固定位置，采用便于使用的收纳方法

移动调整隔板位置，设置新的收纳用品。根据惯用脑型和行动特征来选择方便和顺手的收纳方法。

以前洗碗池下面的空间很浪费。加了可移动的小型置物架后，多余的做饭器具可以全收进来

整理前

整理后

在够着费劲的柜子上面，把塑料文件盒作为收纳用品

试用收纳阶段，可以用隐藏式纸胶带替代标签

完成！

**厨房变得方便使用，客厅的纸箱也一扫而光！**

乍一看，好像没有什么变化的厨房，柜门里可有了翻天覆地的变化

之前被纸箱子挡住的电视柜（柜橱）、沙发终于重见天日了（感激）

**可以看见地板！消除压力！！但这并非终极目标。**

后续工作

## 维持

多余的物品得以收纳，把我从那种完全解决不了的瘫痪状态里解放出来。但是真正的规划整理并未就此结束。是否可以将物品物归原位，物品用起来是否真的顺手。在使用过程中改善整理方法，得以真正地掌握整理方法。随后的售后服务是以电话、邮件来确认我是否已形成了"习惯化"，形成"习惯化"，规划整理过程才完成。

规划整理师一边确认收纳空间，一边与我商量改善母亲用起来不顺手的方法，完全从我们的角度着想

**完成了的收纳框架请见下页介绍**

51

## 收纳餐具

根据餐具的不同用途，大致划分区域
了解自己物品的功能

在开放式架子上收纳每天使用的餐具。把使用频繁的饮茶用品放在茶杯托盘里，作为"每日一角"摆在台面上

**吊柜的左右两边摆放接待客人用的餐具，中间部分只有下面的层里收纳常用餐具**

吊柜对母亲来说太高了，她基本够不着。只有吊柜最底下一层的高度与母亲视线平行，所以除此以外的其他部分均用来收纳客人用餐具。

**容易看到的下面的柜橱，用来收纳想用的餐具**

下面柜橱的中段和下段是站立时的可视部分，将过季餐具放在最里面，靠近外边的地方放常用餐具

**在灶台后面的抽屉里放入调味料和食材的存货**

会田女之前留的作业是将盐和糖的收纳位置转移到从灶台转身手可以触到的抽屉里。下面的抽屉放面条等食品，最下面的抽屉放瓶装调味料和葱姜等根茎类菜。

## 厨房

吊柜作为存货使用，台面下的橱柜用来收纳常用物品

母亲基本上不用上面的吊柜。将物品存放在最上层，取放物品时可以用梯凳，这样可以把空间利用起来

**只在容易触碰到的吊柜最下层收纳经常使用的轻的物品**

厨房的台面上方、手能够得到的地方还算是便利的位置，所以在吊柜最层放保鲜膜，量杯、勺、保鲜盒、微波炉用的盖子等物品，只要是轻便物品，就可以勉强取出。

**设置搁架 & 卸除架子，让空间变得方便使用**

灶台旁原来放调料的地方之所以用起来不顺手，是因为其中有一个架子，它很碍事，将其卸除，这样从调味架取放高油瓶时就方便多了。在水槽下加装搁架，提高收纳力

**把厨房最常用的工具放在最上面抽屉内，把使用频率略小的物品放在中间抽屉**

把常用工具放在最上面有隔断的抽屉里，中间抽屉存放偶尔使用的工具。最下面抽屉存放面条以外的干货，把曾经放调料的一个架子挪用到此。

# 客厅餐厅

常用物品收取自如，令人清爽、舒适的空间

### 死角的位置摆放书与日用品

把之前放纸箱子的位置腾出来，将放日用品及书的柜子挪到这里

### 放微波炉的架子和矮柜用来收纳招待客人的用品

招待客人用的红酒杯、砂锅及便携式灶台等因常在餐厅使用，将这些用品放入微波炉架子的收纳箱，将微波炉架和矮柜放置在餐厅作为"招待客人"的区域。抬眼便能看到客用红酒杯的箱子，这样"想招待客人"的心情也会大大提升

---

— BEFORE —

### 回看照片，规划整理前的房间真是让人倍感"压力"

梅酒瓶等物品都放在餐厅。以前总会将物品先凑合放在这……

整理后的房间让人感觉清爽、舒适，看到以前凌乱无序的客厅，不禁自问"我怎么会住在这儿呢？"

---

更多建议

## 实现"完美收纳"的关键在此！

通过规划整理达成整理的最终目标，经由3个"S"的阶段，即"释放凌乱的环境所带来的压力""打造舒适清爽空间"和"完美收纳"。目前已经完成了"打造舒适清爽空间"这一阶段，而"完美收纳"即将实现。规划整理师们传授了到达最后阶段实现"完美收纳"的重点。

### 家具与收纳物品的颜色、材料质感相匹配

房间的收纳与整体装饰的统一感越强，人越会感觉清爽舒适。如果想进阶到"完美"阶段，收纳用品与周围家具物品在颜色上相搭配的同时，材质上也要保持一致。参照右侧客厅的照片对比可以看出，与电视柜的颜色材质遥相呼应的是旁边棕色台面的架子。架子上的收纳抽屉为木质，刚好与电视柜同为原木色，架子下层的白色文件盒又恰巧与白色单人沙发色调一致，形成统一协调的装饰风格

### 如果使用统一的收纳盒存放物品，即使里面的物品被随意摆放，也能成为"完美收纳"

如果将砂锅、便携式灶台、红酒杯的箱子等物品直接放在微波炉架子上，会看起来凌乱无序。只要将其放入统一的收纳筐中，便可达到"清爽""完美"的效果

矮柜上面的收纳盒与放微波炉架子里的收纳盒颜色质感搭配得恰到好处。在此不会摆放零碎物品，用绿植来做装饰，会使房间生气勃勃，完美度得以提升

# 不丢弃的整理法：再利用也是一种选择

总是无法整理好房间的最大的障碍就是"无法丢弃"。找到适合自己的物品"再利用"的方法后，整理房间的难度便会大大地下降。

---

想让空间处于舒适的状态，且轻松地维持既有的室内格局，控制持有物品的量是必要的。即使是生活规划整理师，最初的整理步骤也是"减少"。但是，这绝对不等同于"丢弃"。减少物品有很多种"再利用"的选择，例如"送人""捐赠""变卖""循环利用"等。只要做到"再利用"，很多因"无法丢弃"而烦恼的人会觉得"浪费"的感觉随之消失了。

日本生活规划整理协会一直关注不丢弃物品转而把它们循环"再利用"这一理念。它得到了日本某知名拍卖网站的"粉丝"们的协助，开创了"再利用专家资格认定系统"。

所谓的"再利用专家"※是非常熟悉各种各样循环利用服务的人，也是促进"不丢弃的整理艺术"的专家。资格认定讲座的目的在于培养一批佼佼者。他们把学到的技术和知识应用起来，把"再利用是一种自然、平常的生活方式"这一理念普及给更多的人。现在日本已经有45个"再利用专家"讲师了。2016年7月该协会开始开办"再利用专家"讲座以来，经过半年，已经培养了超过300名的"再利用专家"。

"把还能继续使用的物品丢弃了真是好浪费啊！"有这样想法的人是很正常的。不要隐瞒自己的感受把物品扔了，而要了解再利用的方法，充分利用物品。这对你轻松地整理物品有很大的帮助。让我们通过"不丢弃的整理艺术"这一理念，共同营造一个轻松舒适无压力且省钱的生活方式吧。

※ "再利用专家"是雅虎日本的登录商标。

# Part ③

## 各类惯用脑型人的整理诀窍

判断物品去与留，简单找东西、物归原处的轻松感。
整理收纳的操作跟大脑的运作方式息息相关。
因此，让我们通过 4 个生活规划整理师的实例来看一看惯用脑的各种
类型分别适合什么样的收纳方式。
借此也有可能找到符合你自己的"用脑类型"。

File ———— **11**

## 失败是成功之母
## 找到适合自己的方法才是
## 最佳的

用脑类型

**Input**  右脑  **Output**  右脑

### 会田麻实子
Mamiko Aida

———————————

　　规划整理认证讲师。日本 Life Organize 协会运营的网页期刊 "整理收纳.com" 的副编辑。她活用原本不擅长整理的经验，重视整理思考方式，以 "属于我自己风格的整理术" 为主，开设兴趣小组讲座和提供整理收纳帮助服务。

**Data ( 资料 )**
● 地板面积：73.45m²
● 格局·住宅类型：3LDK（3 间卧室、1 间客厅、1 间餐厅、1 间厨房）·高级公寓
● 房龄：7 年
● 家庭成员：会田麻实子、丈夫、儿子（小学四年级）
● 居住地：东京

**惯用脑是右脑类型的人，看得见收纳物品里面装的是什么会让他们感到轻松无压力**

之前厨房内的收纳用品是外观整齐一致的、看不见里面物品的收纳盒。尝试从小缺口去看里面装的是什么的时候，会田女士才恍然大悟，决定把收纳用品改成半透明的。她说："虽然收纳用品上贴了标签，但这是家人 ( 先生 ) 用的物品，我基本不看。"

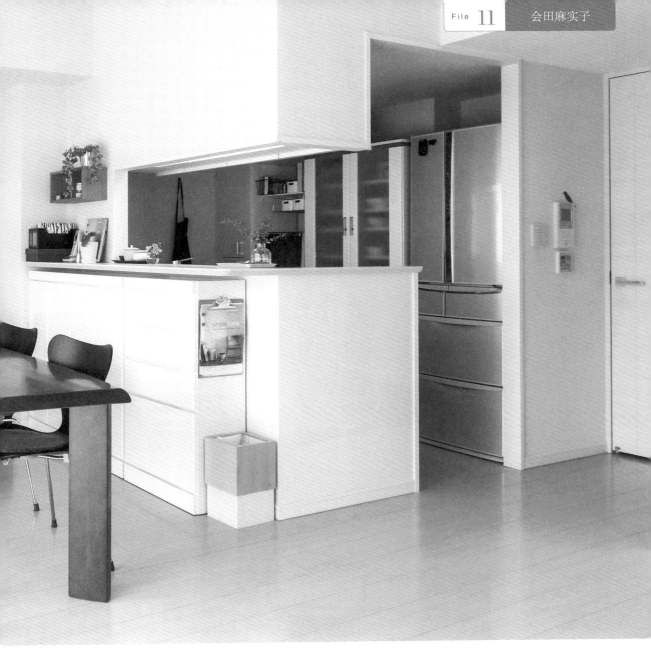

## DINING KITCHEN（餐厅厨房）

以白色作为空间的基础底色加之浓烈的棕色和黑色的现代化室内装饰。厨房吧台下的白色橱柜，收纳着家人经常使用的物品，自己也能拿取自如

　　据说当时搬家时收拾出了 5 袋厕纸。迎合自己的想法，当时是决定只把在新房子用得上的物品带上。尽管如此，新家的状况并不如人所愿，还是非常杂乱。正在烦恼不知道怎么做的时候，会田女士幸运地浏览了日本 Life Organize 协会的网页。

　　学习了规划整理课程之后，了解了"每个人都有适合自己的整理收纳方法"，会田女士的心情突然变得轻松起来。对自己现在的住宅，一语道破：它简直是"懒散人的殿堂"。她说："尽可能地想只在 LDK（起居室、厨房、餐厅）里活动，我构造的这个房子的室内格局适合怕麻烦的人。"

　　会田女士问自己"想象一下自己理想中的房子是什么样的"，答案是"想要一个充满生活气息的家"。家人忙忙碌碌地将物品收入、取出时的情景，就宛如"家具也变得栩栩如生和富于动感"。在她看来，这才是理想中家的样子。

　　她曾经很不擅长整理，当初憧憬的明明是像样板房一样的房子，真是不可思议啊！（变化如此之大）

## CLOCET（衣橱）

图 1. 在寝室的衣橱里，当季的衣物全都挂着收纳，包括贴身衣物、吊带背心等。下层跟前的位置放着"私人柜子"，里面装着常年穿着的夹克衫，侧边里层的外套也常年放在这个位置。根据气温区分当季衣物和换季衣物即可

图 2. 衣橱的外面放着作为陪嫁带过来的日式抽屉柜子，只装两件针织衫、一些长筒袜和内衣裤。横挂架上挂着擦汗的衣物和两条粗棉布

### 对于用脑类型为右脑的人推荐用照片做标签

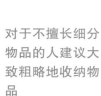

非当季的鞋子，并没有放在玄关处，而是放在衣柜的架子上

因为鞋盒里面装的鞋子看不见，所以把鞋子的照片贴在鞋盒上

这样一来就一目了然了

### 对于不擅长细分物品的人建议大致粗略地收纳物品

包包无法挂着收纳的，直接放在脚下的箱子里

再大尺寸的物品只需低头往下一看就能确认盒子里面装的是什么了

### 把物品带回家时，习惯性地思考一下它是否是必需品

●判断物品去与留的标准是什么？
综合考虑"是否喜欢"和"是否在使用"这两个因素。

●在整理时，最重要的事情是什么？
"不过分要求"原则。不过在意是否美观，不过度整理，也不过分苛求完美。

●决定收纳方法的标准是什么？
坚守"简单、大致、容易理解的收纳"三个准则。如果在此基础上再使家更为美观的话那就更妙了。

●选择收纳物品的标准是什么？
简单 & 好用的物品。

●如何整理家人的物品？
聆听家人的心声。

●舒适生活的秘诀是什么？
好好理解自己和家人的生活习惯。

**KITCHEN（厨房）** 厨房背面的橱柜收纳平常使用的餐具。餐具按照不同种类前后排列。把夹层板调节成即使不把前面的餐具拿走，里面的餐具也能轻松拿取的状态

# 一目了然 & 一个动作就能轻松做到的秘诀

### 餐具也按照材质区分，最常使用的放于上层

餐具按照材质分别（区别开）装在盒子里，再把它们放入厨房的抽屉里。重叠了两层放，最上层放经常使用的不锈钢材质的餐具

### 比起按用途分类，材质分类更能使人一看就明了

餐具原本是按照用途区分的。按照用脑类型尝试用材质分类后，我们可以发现："自己心情变好了，拿出来的物品也可以更轻松、愉悦地放回原处了，比想象中效果要好得多！"

### 把物品重叠放置时，把下层的物品摆置成也能看得到的状态

很多人的用脑类型是右脑，这一类型的人有这样一个习性"物品看不见的话，就会忘记它的存在"。因此，这里使用了亚力克材质的"コ"字形分两层架子收纳物品

# 12

## 打造一个"在收纳上孩子能简单理解，家庭成员也能独立完成"的空间布局

用脑类型

Input 右脑　Output 左脑

### 佐藤美香
Mika Sato

　　规划整理认证讲师。作为职场妈妈，为了缩短时间，她在家务操作动线、烹饪时间和活用冰箱等方面很擅长。她的育儿座右铭是"比起学习好的孩子，生活能力强的孩子更优秀"。同时，她开办原创的关于"生前整理"和"防灾"的讲座。

Data（资料）
● 地板面积：96.94m²
● 格局·住宅类型：4LDK（4间卧室、1间客厅、1间餐厅、1间厨房）·独门独户
● 房龄：8 年
● 家庭成员：佐藤美香、丈夫、女儿（初一）、女儿（小学四年级）、女儿（即将 1 岁）
● 居住地：神奈川县

有效利用空间是右脑为惯用脑类型的人的技能

　　图 1. 为一洗完锅类物品就能立即将其放好，可以把这类物品放在洗涤槽下方。为了方便盛饭菜，可以把餐具放在炉灶下方

　　图 2. 在吊柜里，将便当袋、制作点心的工具、海绵等的存货用盒子分类收纳着。使用矮踏板，在缝隙里塞保鲜膜

**KITCHEN（厨房）** 佐藤女士经常跟两个女儿一起在厨房忙活
收拾得干净利落的厨房，布局设计得让孩子也能自如地操作

现在的美香女士跟两个女儿、去年刚出生的婴儿，还有先生生活在一起。当初，协会的成员拜访她时，最小的孩子还没出生，她正准备迎接产后的新生活。

佐藤女士遇到规划整理课程的时候，刚好是她辞掉了金融机构的工作，正考虑考取新工作的资格证书的时候。事实上，她大概是在辞掉工作之后，才察觉到"我可能很不擅长整理收纳"。当时她觉得房间之所以会乱的原因是她无法兼顾工作和育儿，而没有时间整理房间。

以前总是被"怎样把物品放入空间内"这样浅显的问题困扰的佐藤女士，自从学习了规划管理课程后，开始思考"怎样才能让物品拿取自如呢""这是对于孩子来说也使用方便的场所吗"等高难度的问题了。

据说佐藤女士在第三个孩子出生之前，尝试着规划"届时孩子出生了，即使自己无法照顾到家务，家庭成员也能独自应付家务活"的空间布局。她认为如果把两个大女儿的空间布局规划好，那么照顾她们就不会产生令人焦虑的心情了。结果，真的如愿以偿，她倍感轻松。佐藤女士说："我肯定会更轻松地抚养第三个孩子，很期待啊！"

## REFRIGERATOR（冰箱）

佐藤家的冰箱存放的食材都是周末统一购买的，正好够一周食用的，并且冰箱保持得很干净！冰箱的第二层是特意为很晚回家吃晚餐的先生留出来的。饭菜放在托盘里，可以直接取出放到微波炉里加热

### 食材根据用途分类组合，贴上标签更容易辨认

装豆酱（用于做日本味增汤的主要酱料）和馅料的篮筐贴上"味增汤"的标签。装调味粉末和紫菜的篮筐贴上"米饭"的标签。装黄油之类的篮筐贴上"面包"的标签等等，按照用途分类放入篮子里。这样，先生和孩子也能一目了然，只要把各个篮子直接拿出来就可以方便使用了

### MY WAY　　我的方法

### 不过分完美地决定太多事情是让家人也更愿意做家务活的秘诀

●判断物品去与留的标准是什么？
以这两个原则作为判断的基准："是否在使用"和"外观是否喜欢"。
●在整理时，最重要的事情是什么？
自己能轻松地应对；能和孩子一起做点什么。例如饭菜、工作、手艺等。
●决定收纳方法的标准是什么？
方便孩子拿取物品；物品的收纳场所与使用它的场所相隔很近；房间的主人对物品一目了然。
●选择收纳用品的标准是什么？
知道收纳工具里面装的物品；物品被整齐地收纳。
●如何整理家人的物品？
一定要询问家人的意见。想要改变家人的物品的状态时要先跟当事人说明理由和解释变更后的样子。
●舒适生活的秘诀是什么？
如果自己决定一切，家人就会变得不太愿意做家务活了，因此家人之间有不一样的想法和意见是可以理解的。

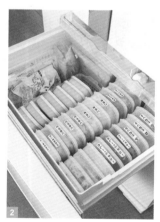

### 把粉状类物品置换包装装在统一的容器内再放入冰箱，大致备好的食材也放入冰箱内

图1. 容易招虫子的粉状类物品放入冰箱保鲜。因为经常和孩子一起做比萨，因此标签上用平假名（日语的一种文字，多用于给汉字标音）写上："高筋粉（蛋白质含量高和黏性大的面粉）"

图2. 在冰箱里，大致备好的食材用成套的容器装着，显得有条不紊。以怀孕作为契机，在容器上贴上孩子也能看懂的标签

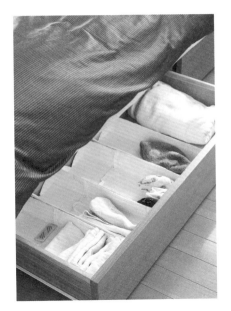

把婴儿物品收纳在床下的抽屉里，
便于掌握婴儿用品的种类和数量

婴儿用品收纳于床底下的抽屉箱内。根据种类区分开
且并排摆放，因此能轻松把握每种物品的数量。这些
纸盒是佐藤女士用牛奶的包装盒亲手制作的

## CLOSET（衣橱）

先生的衣服按照"家居服""长袖衫""长
裤""毛衣"等分门别类后放入箱子，再
贴上标签。叠好的衣服尺寸要符合箱子
的尺寸。佐藤女士不放过一丝空隙，尽
可能地充分利用每一处空间。佐藤女士
的惯用脑型为右右脑，她在整理收纳时
特别擅长把握空间尺寸。

右脑有助于人很好地把握空间，再加上左
脑帮助人进行逻辑性的思考，这样的用
脑类型组合可以大大提高家务活的效率！

## WASHROOM（盥洗室）

充分利用盥洗室墙壁内能收
纳的空间。物品就放在使用
该物品的场所

佐藤女士生了孩子后，考虑到需要提高
做家务的效率问题，便将室内布局做了
新的规划，"盥洗室、浴室内使用的物品，
尽可能放在原地。"这个毛巾架也是佐藤
女士用伸缩杆做的。如今佐藤家用小毛
巾代替浴巾。这样既能减少换洗衣物的
数量，外观也更加整洁

## 从前不擅长做整理，可以尽量选择毫无压力感的收纳方法

惯用脑型

Input  左脑　Output  左脑

### 川崎朱实
Akemi Kawasaki

　　规划整理认证讲师、室内装潢设计师。川崎女士在咨询客户时，会先了解客户做不好整理的原因，然后再按客户要求，提出收纳建议。在"保持美观的技巧"和"能恰当、准确地提议"这两方面，客户们对她赞誉有加。川崎女士在自己家里开办了"育儿妈妈的整理术"兴趣小组讲座。

Data（资料）
●地板面积：100m²
●格局·住宅类型：1LDK（1间卧室、1间客厅、1间餐厅、1间厨房）+孩子活动区·独门独户
●房龄：5年
●家庭成员：川崎朱实、丈夫、4个儿子
●居住地：东京

　　作为协会认定的规划整理认证讲师，正活跃在整理行业的川崎女士，实际上之前特别不擅长整理收纳。她说："我花了7年时间才学会了怎么做整理。"

　　"不采取措施改变现状不行啊。"当时川崎女士怀着这样的想法找到了日本生活规划整理协会，其间，她了解到"由于脑部机能的障碍，有些人会长期做不好整理"这一情况。

　　川崎女士困扰于4个儿子的物品整理。她想：学习了规划整理课程，也许对儿子们也会有用处。于是她参加了规划整理认证讲师二级讲座。在讲座中，当听讲师说到"最让自己感到轻松舒适的整理收纳方法，才是最好的方法"这一处时，她大受启发。

**为了让孩子容易理解，在标签上注明动词**

收纳文具的盒子上贴着"写""夹""剪""贴"等平假名（平假名：日语文字的一种。），标签上的词都是动词。孩子看到这些标签，立刻就能联想到物品被收纳在哪里。这样一来，不仅孩子能快速理解标签的意思，大人也觉得很方便

**餐厅是家人欢聚的地方，可以在特定的地方摆放公共用品**

吧台就在餐桌的旁边，把物品都收纳于此可方便家人使用

# KITCHEN（厨房）

看到这么干净整洁的厨房，你绝对想象不到这个家庭有4个孩子。垃圾分类箱放在厨房侧面看不到的位置，着实花了很多心思呢

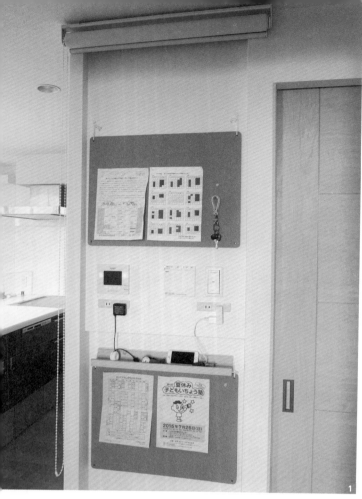

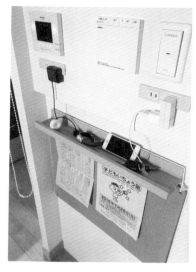

考虑家人的惯用手，川崎女士把家里布置得令人轻松舒适，房间的布局使家人用一只手也可把物品放置好

信息栏边上可放置手机充电器和钥匙。对于惯用脑型是右脑，一回家就往右转弯的家人来说，这样的设计实在是妙不可言

川崎女士在家人必经的场所设置了信息栏。但这对惯用脑型为左脑的她来说，想方设法地隐藏这个空间也很重要

川崎女士在紧挨着玄关口的走廊处，设置了一个信息栏。她希望把信息栏放在显眼的地方，但是，孩子们从学校带回来的不美观的复印纸等也都放到这里了。因此，她想出一个用卷帘隐藏信息栏的办法，把这个空间收拾得非常漂亮

　　川崎女士把家整理得干净整洁。你完全想象不到这个家里竟然有 4 个孩子。家里的室内布局基本上都设计成单手就能把物品归位的样子。

　　这么设计的原因是：川崎女士当初在构想自己家的整理收纳动线时，她的第 4 个儿子还是婴儿，那时，川崎女士经常一只手抱着孩子，另一只手干家务。（当她把家里的布局规划成单手就能顺利完成很多家务后，家人竟也参与到家务活当中了，也许是家务活变得轻松了的缘故吧。）

　　自此之后，川崎女士变得越来越心平气和，也不再把自己的做法强加到家人身上。即使家里变乱了，她也不过于在意。最大的儿子也对她说："妈妈现在真的变得不再生气了！"

不过分完美地决定太多事情，这是让家人更愿意做家务的秘诀

●判断物品去与留的标准是什么？
是否在使用；是否有美好的回忆（不保留没有回忆的物品）
●在整理时，最重要的事情是什么？
虽说有保持整洁的原则，但是没必要总是花时间整理。睡觉前做整理工作。（整理时，自言自语"我要做整理了"。）
●决定收纳方法的标准是什么？
单手就能把物品归位；收纳空间宽裕；在配置上，重视缩短整理动线的长度。
●选择收纳用品的标准是什么？
经典款；白色；四边形；材质可以是玻璃、不锈钢和塑料（白色）的，（整体显得整齐美观。）
●如何整理家人的物品？
为了方便辨认，在收纳用品上贴标签。
●舒适生活的秘诀是什么？
物品持有的数量要控制在自己能记住的范围内。

厨房背面的柜子从地面一直顶到天花板，里面有餐具和分类垃圾箱，并且有安装吊柜。虽然对于有6个人的大家庭来说厨房的空间不大，但整体给人物品少且整洁的印象

**惯用脑型为左脑类型的人，适合选择合乎心意且效率高的整理收纳法**

图1. 打开吊柜的上层，映入眼帘的是摆放得整整齐齐的水瓶。为让水瓶内部保持干燥无水分，川崎女士把水瓶的盖子都取下来统一存放在一个专门的盒子里

图2. 令人感到意外的是，洗涤槽下的柜子里也稀疏地摆放着物品，这个柜子里的碗都是大碗。餐具都放进装餐具的容器内，使用时直接把容器拿到餐桌上，相当便利。经常使用的玻璃杯也存放在洗涤槽旁边的抽屉柜里

**彻底摒弃不适合、麻烦的收纳方法，全家人都可轻松整理房间**

**洗好的衣服不需折起来!**
**直接把洗好的衣服挂在家人公用衣橱内的架子上**

图1. 川崎女士在放小物件的抽屉上方（即方便从上往下看清的部位）贴上了标签，便于分辨抽屉内的物品

图2. 把洗好的全家人的衣服从烘干架拿到公用衣橱只需走几步。川崎女士把洗好的衣服直接挂在公用衣橱的架子上，省去了折衣服的时间

**非当季的衣物、仪式或季节性使用的物品，放在特定的空间里集中收纳**

图1. 川崎女士在二楼主卧内的步入式衣橱里，摆放当季的衣物以及先生感兴趣的书和物品

图2. 川崎女士把在不同季节里举行各种不同仪式时要用的一些小物件和运动用品等按种类区分好放入盒子里。柜子整体外观也很整齐

# 先生了解了"惯用脑型"后，也开始琢磨使家务活变得更轻松的方法，这真是前所未有的事情

用脑类型

Input  左脑　Output  右脑

## 松林奈萌子
Nahoko Matsubayashi

规划整理认证讲师、心理规划管理师。Jeweled House（日本一个公司的名称）代表人。一直想重回职场的松林女士在发觉自己喜欢上整理收纳后，最终选择做一名"整理收纳老师"。松林女士善于揣摩客户的情绪和内心的想法。她给客户提供上门规划整理咨询服务，并开办规划整理讲座。松林女士的整理术受到40~50年龄段的客户群的好评。

**Data（资料）**
●地板面积：121m²
●格局·住宅类型：4SLDK（4间卧室、1间客厅、1间厨房、1间工作间）·高级公寓
●房龄：6年
●家庭成员：松林奈萌子、丈夫、6岁儿子、1岁女儿
●居住地：千叶县

**"我先生的用脑类型完全与我相反，但为了让他在厨房也能轻松操作，我优先采用他觉得容易理解的收纳方法。"**

据松林女士说，他先生很喜欢做饭。但是，先生的惯用脑型与松林女士完全相反，属于右左脑类型（右脑输入左脑输出）。因此他不能按照松林女士的整理步调来整理房间。松林女士优先考虑先生觉得简明易懂的方法：把调味料和经常使用的餐具收纳于最方便使用的抽屉里；调味料的包装换成容易辨认的、透明的容器，再贴上标签

松林奈萌子女士天生就很喜欢收拾东西，把自己娘家也收拾得像样板间一样。虽然，结婚后就辞职在家专心育儿，但松林女士还是想把自己擅长的技能活用起来，于是下定决心考取了规划整理师资格证书。

在学习了规划整理课程后，比起之前学习的整理收纳课程，松林女士对人与人之间关系的认知提升了。在了解"根据惯用脑型不一样，人的思考方式和行为习惯都不一样"这一理念后，她慢慢变得能够通过观察对方的行为动作，揣测出他的意图。她说这种感觉就好像是自己又多了一个抽屉一样（因她感到抽屉是很好用的物品）。

松林女士现在理解了课程里讲到"只要使用恰当的方法肯定能顺利地收纳好物品、整理好房间"这句话的精髓了。正如这句话所提到的那样，对于家里的整理收纳，家庭成员也积极配合想出了很多轻松便利的方法。例如，厨房的分类垃圾箱和玩具的标签是用插图或者彩印做的，对于惯用右脑的人和孩子都很好使用。她认为与其跟孩子说"你要这样做"，还不如给孩子划分特定的

## KITCHEN

厨房的收纳空间是以白色作为统一色调的
垃圾分类是个细活，因此家人扔垃圾时，先把垃圾分类好，再投入"塔形"垃圾桶里。垃圾箱上的标签是带插图的，目的是让先生跟孩子都能简单理解

一个区域。让他有自己专用的桌子。孩子在自己的专属区域时，更愿意读书和自己收拾房间。

人们都说用脑类型为左右脑类型（左脑输入右脑输出）的人有着独特的思考模式——经逻辑推理分析后，再凭感觉去实践。松林女士做规划整理时，的确是经反复斟酌后想出了很多轻松应对的方法。松林女士在做规划整理上门服务时，即使在"日式抽屉柜的朝向"这些小问题上，有时也会和客户产生共鸣，与客户异口同声地说："对对对，感觉对了。"她说："我认为这不是我一个人要去面对的工作，更重要的是和客户一起发散思维和产生共鸣。"

## LIVING&DINING（客厅＆厨房）

半开放式厨房紧连着大大的起居室和餐厅。松林女士在起居室和客厅没有摆放过高的家具，家具的颜色也跟深棕色的地面的颜色很搭配。家居的整体风格给人以既干净又宽敞的感觉。起居室内部与日式房间相连接

### 吧台上竟然放着扫地机器人！

对于左右脑类型（左脑输入右脑输出）的人来说，整理的关键是"按照我自己的方式来"。

图1.半开放式的厨房只有吧台是敞开的。厨房内部色调统一使用白色，这样厨房看起来非常干净、整洁

图2.吧台的一角，竟然放着扫地机器人。松林女士解释说："因为把扫地机器人放在地上，女儿就会很好奇地去玩它，而且考虑到出门前的动线，放在这里是最合适的。"

## Home Office
### （家庭办公场所）

松林女士的家有 4 房 1 厅 1 厨 +1 服务室（日本的新词，类似于中国的备用房间，可用于储物或作为小寝室）。服务室在餐厅的旁边，约 4.86 ㎡。松林女士把服务室改成工作房间。墙面上安装了很多不带柜门的层架和桌子。松林女士和她先生打算将来跟孩子共享这块空间。在玄关一侧有一个门通向服务室，家人一回家就可以把背包等放在服务室，不需要经过餐厅和起居室

## Workroom（工作间）

以后松林女士打算把工作间改成儿童房，现在暂时把它用作授课时研讨的教室。松林女士不用出家门就能给学员授课，既省去了路上花费的时间，又能让学员们沉浸在家的氛围里。这真是一举两得

## 怎样才能轻松应对家务活？
## 松林女士有很多自己的解决方法

### 当松林女士考虑到使用纸尿片所在的场所时，便把它放在沙发旁

图 1、图 2. 沙发旁有一个白色箱子。实际上，箱子里面装着的是纸尿裤。松林女士经常在沙发上哄女儿睡觉和哺乳等。这里成了母女俩一天内待的时间最长的地方，因此，把纸尿裤放在这里会非常方便。同时，家人也经常待在这里，他们能随时帮忙取纸尿裤

### MY WAY　　　我的方法

多在收纳用品和收纳方法上花心思，让每天的生活都有心动感

● 判断物品去与留的标准是什么？
衣服穿上后是否可以让人的心情变好。物品是否给现在的生活增添了色彩。
● 在整理时，最重要的事情是什么？
丢弃物品的时候要干脆地丢弃。
● 决定收纳方法的标准是什么？
重视每天都令人怦然心动的生活。
● 选择收纳用品的标准是什么？
松林女士这样回答："NITORI（日本最大的家居连锁店）就在我家附近，我经常去那里购物。另外，我还会搜罗一些自己一直喜爱的或是白色的收纳工具。"
● 如何整理家人的物品？
整理的时机非常重要，整理家人物品前需要事先跟家人说明，注意说话的技巧。
● 舒适生活的秘诀是什么？
把物品（购买的，别人送的）带回家时只选择性地留下少量的。

## KIDS' ROOM（儿童房）

起居室侧面的日式房间，是孩子们玩耍的地方。玩具的收纳场所对面放置了一个书架。这片区域成了孩子们的"秘密基地"。松林女士说，她的儿子经常待在里面，很享受这片独特的空间

**彩色照片即使小点也没关系！**
**"惯用脑"为右脑的人适合使用标签**

为让孩子能自己整理物品，松林女士把玩具的照片彩印后再贴到架子层板上。虽然标签的宽度跟架子板块的厚度一样窄小，但标签是彩色的很醒目，因此已经充分起到作用了。

**为让小物件不四处散落，松林女士把它们全部收纳在专用的桌子抽屉里**

被炉桌子（日式被炉是带暖炉的桌子上可以铺上棉被）下方安装了一个抽屉，桌腿上加装了轮子。作为孩子玩耍区域的专用桌子，桌子附带的抽屉是为了防止孩子的玩具零部件四处散落而精心设计的。在壁橱里也设计了收纳空间，当孩子想玩玩具时能自己把它们取出来，集中地放在桌子上玩耍。玩过以后，孩子也能很快把玩具收拾好，保持桌面整洁

# 各类用"惯用脑"的整理关键词

Input 左脑　Output 右脑

左脑输入右脑输出类型的人会习惯逻辑性地思考问题后，再凭感觉收纳整理物品或房间。

这种类型的人只要找到适合自己的整理方法后，就能顺利地进行整理

● 我的方法

**自己满意的方法才是最好的方法**

左脑输入右脑输出类型的人跟一般人的思维方式不一样。像把扫地机器人放在吧台上这种事，也只有这种类型的人才能做出来。对这类人来说，自己可以接受的方法，就是最好的收纳方法

● 关于收纳场所

**合理地思考后再决定收纳场所，轻松地简单粗略地收纳**

人一天内在起居室的沙发上待的时间最长，因此在沙发旁放纸尿裤。这是惯用左脑的人才会想出的方法。选用带有盖子的箱子让纸尿裤简单粗略地收纳

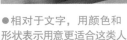

● 相对于文字，用颜色和形状表示用意更适合这类人

**使用有颜色或图片的标签，可以使整理顺利进行**

左脑输入右脑输出类型的人的整理时，也会参照右脑输入右脑输出类型的人的方法，这使他们的收纳工作进展得更顺利。收纳用品都是"可见"的，很容易分辨。对于这种类型的人推荐使用有颜色或图片的标签

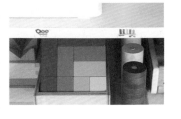

右侧竖排：

**输出 右脑**

NG

使用场所和收纳场所离得很远；不能看到物品。

---

输入　左脑　OK　根据使用频率区分；固定收纳场所。　　NG　看起来很零乱，空间没有隔离。

Input 左脑　Output 左脑

左脑输入、左脑输出类型的人重视物品的使用频率和功能，倾向于固有型（固有型指的是：由始至终采用固定的整理收纳的方法）的整理收纳。由于这种类型的人不擅长把握空间，因此，他们会首先把空间划分为不同区域，然后再放置物品。

● 标签

在选定位置后，可以用文字标签标明收纳物品里面装的东西。将收纳用品"可见化"是左脑输入、左脑输出类型的人最擅长使用的收纳方法

对文字更敏感的左脑输入、左脑输出类型的人来说，贴标签是不可或缺的步骤。使用胶带标签可以更轻松地完成这一步

● 功能性

**把家人活动的公共场所布置成让每个家庭成员都能一目了然的状态**

在家人必经的场所，设计一个放置显示必要信息的信息栏。适当地遮蔽起这个场所也很符合左脑输入左脑输出类型的人的习惯

● 隐蔽式收纳

**左脑输入、左脑输出类型的人很不喜欢房子零乱，因此他们更愿意把物品全收入吊柜和抽屉里，喜欢让房子看起来干净整洁**

惯用左脑的人对文字的敏感度很强，但是，文字太多也令人困扰。因此，他们把物品都收入柜子隐藏起来，这样心情就舒畅多了

右侧竖排：

**输出 左脑**

NG

看太多文字就容易头脑混乱；没有隔离的空间。

"惯用脑"给我们提供了了解自己的思考模式和行为方式的依据。接下来，我们通过实例给大家总结了"惯用脑"各个种类的不一样的关键词（特征）。这是大家参考自己所属"惯用脑"类型的关键词的依据。右脑的关键词：直观，想象、记忆空间，能看到物品或事情的整体，用图片表示，颜色，设计。

根据颜色和材质把物品分类
比起根据不同功能进行区分物品的方法，根据不同颜色和材质来把物品归类，更容易使物品物归原位。重叠收纳物品时，可以使用能够看到底层的亚力克材质的收纳用品。

右脑

Input 右脑　Output 右脑

比起物品的功能性，右脑输入右脑输出类型的人更注重物品的外观。无论是将物品取出还是放入，物品处于可见的状态才是右右脑类型的人关注的重点。

输出
右脑

OK
重视透明或半透明的收纳用品，简单地收纳物品。

●可见的
●按照颜色和材质划分
将物品重叠摆放时，使用透明材质的收纳用品，以便看到下层的物品。根据物品颜色和材质收纳物品，更容易使物品物归原位

\ 推荐！/

●用透明或半透明的收纳用品

比起贴标签写文字，透明的收纳用品更让人对物品一目了然

对于惯用右脑的人来说，即使在收纳用品上贴上标签，看不见收纳用品里面装的物品还是会让他们感到很有压力，因此推荐使用半透明的收纳用品

输入　右脑　 OK 根据外观和位置关系把握；仅一个动作就能轻松地把物品整理好。　 NG 容易忘记看不见的物品；仔细区分物品的类别再收纳。

Input 右脑　Output 左脑

右脑输入左脑输出类型的人，思考收纳方法时逻辑清晰且收纳物品时喜欢让物品可见。这种类型的人喜欢功能性强的收纳方法。

输出
左脑

OK
使用文字标签；仔细区分物品分类别后再收纳。

●利用空隙
因为右脑输入、左脑输出类型的人对空间把握的能力很强，所以他们不放过任何空隙，喜欢充分利用空间。但要注意不要把物品塞得过于拥挤了

右脑输入类型的人对物品和空间尺寸的把握很到位。他们在门的内侧壁上也细细地分隔出不同区域，并把物品整齐有序地摆放好

●具备功能性的
左脑输出类型的人，倾向于优先使用功能性强的收纳方法。为了能把物品尽收眼底，应适当控制物品的数量

平常使用的餐具就放在炉灶下，炒菜时主人能立即拿出来盛菜。右脑输入左脑输出类型的人的收纳方法都很有条理性

# 家人的"惯用脑"不一样时怎么办？

用"惯用脑"作为依据，让我们更容易找到适合自己的整理收纳方法。

家庭成员的"惯用脑"都不一样时该怎么办？

接下来给大家一些提示：

---

找东西或者选择物品时，"惯用脑"处于输入状态。

把物品归位和规划室内空间时，"惯用脑"处于输出状态。

只要我们认识到自己的输入 / 输出属于哪一种"惯用脑"，就容易找到符合自己的整理方法。但是家人的惯用脑型都不一样，那么整理的方法应该迎合谁才好呢？

关于这个问题，这里介绍几个解决方法的原则供大家参考，希望大家能够从中找到适合自己的方法。

❶ 谁经常在某空间活动，该地的整理方法则优先迎合谁的"惯用脑"。

❷ 整理方法优先迎合不擅长整理收纳的人的"惯用脑"。

❸ 对于年龄很小的孩子，应对照右脑输入右脑输出的类型。

❹ 对于共用空间的整理，家人的"惯用脑"都要被考虑到。

❺ 在同一个空间内，收纳方法即使混杂也没关系。

整理的原则就是迎合该地最经常使用的人的"惯用脑"。如果家人觉得很不方便，则需要倾听家人的话，了解他们的需求，接下来再做改进。根据研究，人在 6~7 岁这一阶段就能初步体现出他的"惯用脑"类型。对比年龄还小的孩子尝试采用右脑输入右脑输出类型的收纳方法。无论是哪种情况，最关键的是做到跟家人多沟通。"对于家人来说，比较容易做到的方法是什么呢？"我们能抱有这样的想法尤为重要。

即使是亲兄弟，每个人的操作方法也不同

# Part 4

## 场所不同·关键词有别
## 收纳方法各异

规划整理的目标是"习惯化"。
找到适合自己的收纳方法，构建自己的整理框架才是重点。
接下来，以场所和关键词作为切入点，我们给大家介绍一些规划整理
认证讲师实践的方法。

# 厨房与餐厅 (KITCHEN&DINING )

## 整理厨房和餐厅，可以采用家人易懂的方式。
## 整理后，厨房和餐厅使人感到轻松、舒适！

厨房和餐厅需要很多收纳空间，用于收纳不同种类及数量的物品，如烹饪用具、餐具、食品等。
采用的收纳方式的关键就是让家人易懂，且操作便利！

可以把常用的器具放在先生一目了然的地方，这样收纳的方式很不错！

厨房内经常使用的器具就挂在横杆上，其他的器具放入抽屉里。如今白石规子女士的先生再也不用问："咦？××在哪里？"

易移动，孩子也能轻松帮忙整理！

北村惠女士说："我把整理好的茶碗、刀具、杯子，放在连同托盘和整个容器可一起挪动的架子上。点心也是一人份分开装的，方便孩子自己管理。"

## 家人使用方便

"帮忙拿下那个！"像这样的状况在专用角落可以得到解决！

会田麻实子女士说："我在冰箱内设置了一个专用空间，用来放孩子最喜欢的乳酸菌饮料和冰棒等。吸管也已备在一旁。"

盒子抽取方便，中学生也能独自管理物品

田所励子女士说："便当里有搭配的汤，我将配料和酱汁用包装袋分隔开，放置在同一个盒子里。如此一来，孩子也能自己管理物品

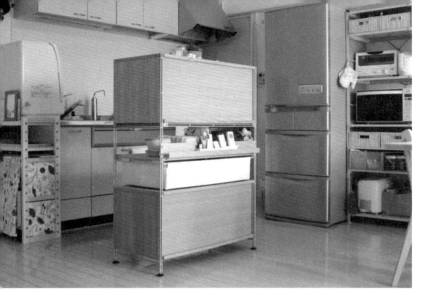

**"围屏式架子"
利于形成家务动线！**

田中佐江子女士说："我在厨房边配备了一个'无印良品'的组合式架子，与厨房在同一平行线的位置上。这个架子用来收纳平日使用的餐具。如此一来整个餐厅的格局就像自助餐厅一样，家人取出各自使用的托盘，在餐桌上摆放好餐具和在厨房盛好的饭菜。"

# 集中收纳

**大容量架子升级收纳空间！**

植松亚金女士说："这个顶上天花板的架子收纳了小到食品类，大到家电类的物品。整体的色调呈奶白色，外观看起来十分令人舒爽。在最上层的收纳盒，我将同类物品放入一个收纳盒里，这样管理起来也十分便利。而重的东西则被放在带有小轮子的、抽拉式的收纳盒里。"

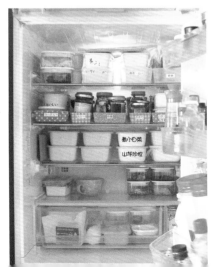

# 冰箱

**冰箱也有收纳空间？
置空瓶罐于固定位置**

上手理惠子女士说："我将粉状类食品放在冷冻库。而放置常备蔬菜的陶瓷容器，即使是空的，也可将其收纳于固定位置。如此一来，可大幅度节约收纳空间。"

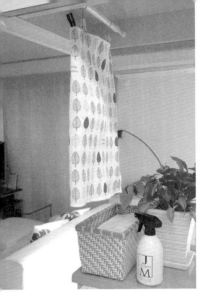

## 利用死角

### 充分利用显露出来的冰箱侧面的空间和磁铁！

户井由贵子女士说，孩子学校的通知书等，可用磁铁贴在从客厅较难看到的冰箱侧面

### "木屐形"活用空间

野田弥荣子女士说："遇到和收纳空间大小不一致的微波炉，我当时突发奇想地将它放在台上，形如木屐（日式的木质夹板拖），其下的空间便可用于收纳其他物品。"

晾干蹭鞋垫的最佳场所——水槽上！

原田广美女士说："想要既轻松又便捷地使吸水蹭鞋垫干燥，只需将蹭鞋垫挂在吊厨下的支撑杆上即可。"

### 在不常使用的橱柜上部空间搭建支撑杆

原田广美女士说："我在较深的抽屉上下了点功夫。用支撑杆做起一个支架，用来收纳烹饪用的铝箔等。"

### 一厘米的空间也不放过！自制切菜板的收纳处

吉川圭子女士说："我在抽屉前板的背面将支撑板设置为捆绑式布带。其大小刚好可收纳切菜板。"

### 把客人用的食器放在日常用的收纳空间里

都筑暮亚女士说："为了节省特意拿取食器的时间，我用来客用的大盘子直接放在收纳锅的抽屉里（竖着摆放），而杯子是日常用的物品，正常摆放即可。"

### 给电热板带上小轮

秋山阳子女士说："我把又大又重的电热板收纳在厨房以外的地方，同时自己做一个带轮子的底托，这样存取起来就十分方便了。"

### 想办法利用吧台下不惹眼的空间

尾崎千秋女士说，水槽下的垃圾箱和以白色调为主的厨房整体相匹配，其他垃圾分类的垃圾箱归拢在柜台下的死角处

## 不常用之物

把电热板置于使用场所附近

谷本清己女士说，家人常在客厅享用火锅、铁板烧等，所以将家用小炉子和电热板都放在客厅的固定位置

## 垃圾箱

### 桌上制造的垃圾可用易取放的小垃圾盒盛装

秋山阳子女士说，孩子在学习桌学习时总会制造一些垃圾。使用小的垃圾盒方便放放，清理的问题也就解决了！

### 直接把垃圾袋置于垃圾桶内！

白石规子女士说："我们家垃圾袋的固定位置是垃圾桶底部，取出垃圾时也可直接换上新的垃圾袋。如此一来，连收纳垃圾袋的场所也不需要了，真的是一举两得！"

### 储备物和再利用物也要固定位置

　　对备用物品，或哪天就不要而卖掉的物品，都难以确定固定的收纳位置。此时，若有一个恰当的整理方法，管理起来就轻松多了。

"利用收纳箱"——无需将物品收到隐蔽处！

中村佳子女士说，因为把物品收纳在隐蔽处，会较难管理，所以可以将它们放入有标签的箱子里，置于寝室一角。另外，常使用的保鲜膜也放入箱子里

## 防灾储备物

定期检查食品保质期，确保储物处的食物新鲜

原田广美女士说，食品在玄关旁的储物处存放，同时将定期检查的时间和商品使用期限对应好，这样方便把不新鲜的食物扔掉，让储物处的食物保持新鲜

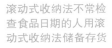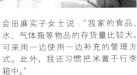

滚动式收纳法不常检查食品日期的人用滚动式收纳法储备存货

会田麻实子女士说："我家的食品、水、气体瓶等物品的存货量比较大，可采用一边使用一边补充的管理方式。此外，我还习惯把米置于行李箱中。"

留下或卖掉物品，用一个箱子就可以解决！

中村佳子女士说，只需将要卖掉的物品放在回廊收纳处的箱子里，到时候只需要直接搬走整个箱子即可，卖完箱子内的物品后，箱子还放回原处

再利用第一步，从"OK箱"开始

秋山阳子女士说："不擅于旧物品回收利用的人，首先应攻克'收集能够再利用的东西'这一关。好比我是在容易引起家人注意的地方放置专用的筐，以'先分类，后卖掉'这样的处理方式，再利用物品的。"

## 物品再利用

包包里也设固定的收纳空间

上手理惠子女士说："我稍微改装了收纳包包的空间，并且把包包内部也当作一个临时的收纳空间。抽屉和箱子也有固定的收纳位置。"

## 包包

收纳种类繁多的衣服的关键在于"一览无遗"

白石规子女士说："在我和我先生的抽屉里，T恤衫成摆放。因为衣服是按照不同颜色收纳的，所以有什么衣服，一目了然。"

## T恤衫

用自带拉链的袋子收纳物品，既能看到内部东西，物品还能竖着收纳

吉川圭子女士说："我们家把难以折叠整理的泳衣放在带有拉链的透明袋子里，将其立起来并排收纳。就算是游泳后，把湿漉漉的泳衣放入袋中也没问题。"

## 泳衣

## 饰品

利用空瓶，链条都不打结！

十熊美幸女士说，只需将项链上的饰品放入空瓶中，项链条挂在瓶口，沿瓶身垂挂。另外，为了防止灰尘落在项链上，可以在空瓶上盖个大的杯子

# 衣橱（CLOSET）

## 根据服装的种类，采用不同的收纳方法

放置在壁橱的服装的形状和使用频度都不同。那么，对于衣物和饰品我们要怎么做才能方便穿戴呢？怎样的方法才适合自己呢？现在就着眼于以上问题，介绍一些小方法。

## 帽子

将物品按形状分别放置并灵活利用抽屉

斋藤女士，可以把不想破坏形状的帽子挂在墙上。把无毡帽和布帽等较扁平的帽子直接放入架子上的箱子里抽拉式收纳

正因为喜欢和服，所以要以易取放的方式收纳和服

上手理惠子女士说："我把平日穿的和服都收在易取放的床底柜里。因为我经常穿着和服，所以也不用担心和服潮湿。"

## 和服

# 可穿行式壁橱

## 大容量壁橱，全家衣物齐管理

户井由贵子女士说："我将全家人的衣物收纳在连接玄关、寝室、洗衣房的可穿行式大壁橱里。仅用一个壁橱，便可进行收纳管理，而且离旁边的衣物干燥处也仅只有 7 步，大大地缩小了家务动线的距离，真的相当便利。此外，我把非常重的东西放置在'宜家'的能够手提的箱子里，把饰品放在透明袋子中。我把上小学的孩子的衣物置于最下边的 3 个抽屉内，孩子拉出抽屉就能够看到里面装的所有物品。"

## 把即使起褶皱也没问题的围巾，挂起来收纳就好！

把即使起褶皱也没有关系的物品直接挂在"宜家"的圆孔型衣架上。把不想让其起褶皱的衣物折叠收好，与前者区分开收纳

## 披肩

## "折叠起来好麻烦啊……"。为了解决这个问题，可把衣服卷起来收纳！

会田麻实子说："针对收纳洋服，如果选用一目了然的结构式壁橱把衣服折叠起来摆在一起摆放，取放时会非常麻烦……出于这样的考虑，我建议把衣服用卷成一团并排的方式收纳。"

## 收纳两步骤："先挂后折叠"

田中彰子女士说，使用过的披肩先临时挂起，通风晾晒，然后折叠收纳。以这种方式收纳，即使是容易起褶皱的羊绒织物也没问题

# 儿童房（KIDS' ROOM）

**让孩子从小就养成怀着愉悦的心情独立整理的习惯**

孩子自己的事情独立完成，妈妈也会变得轻松不少。这有助于孩子养成独立自主的好习惯。这里我们把一些收纳管理规划专家们各自的妙招都归拢到一起，大家一起来学习吧。

## 玩具

上下床都用来放置玩具，孩子们在这里能尽情玩耍

值松亚金女士说，尚未使用的上下床，整张都用来放置玩具。在这里不需要收拾，即使很小的玩具也不会丢失

这个迷你车的收纳场所，有条不紊，让人看了就有收拾的欲望

原田广美女士说，这个收纳场所就如同立体的停车场一样。这些抽屉盒子是用图画纸和粘贴胶布做成的，呈凸起的形状

孩子玩过家家的场所，刚好可以看见厨房。孩子可以尽情地模仿妈妈如何做饭

横田知广女士说，她在厨房吧台旁边设置了玩过家家的模拟厨房。即使她做饭没空照料孩子，看到孩子乖乖地在一旁玩耍，也备感安心

### 防止玩具四处散乱 & 轻松地把塑料智力拼块收拾好

会田麻实子女士说，孩子把塑料智力拼块铺在园艺用的薄纸布上，收拾的时候直接就把它们倒入容器内，操作非常简单。把薄纸布也塞进容器内

发带、胶圈也可以挂起来收纳，非常方便

下田智子女士说："对那些总是无法物归原处的发带、胶圈，我把它们挂在容易看见的、柜门里层的挂钩上，这样就可轻松收纳了！"

## 时髦的小物品

### 用磁铁就能轻松收纳容易弄丢的发夹

秋山阳子女士说，我把容易丢失的发夹全部收入容器里，再在容器底部放置一个磁铁。这样收纳既有趣又让人有收拾的欲望

### 让人一目了然的折叠方式

值田样子女士说："我把折叠好的衣服放入抽屉柜里，抽屉外层放当季的衣服，里层放非当季的衣服。当季与非当季的衣服的折法是不一样的，这样就不容易混淆了。"

## 衣物类

### 挑选自己能轻松取放的收纳用品

佐藤美香女士说："我在孩子衣柜内安装了一个与孩子身高相符、自己能够得到的挂架。需要挂着的衣服挂在这里。折叠好的衣物直接放入箱子里。"

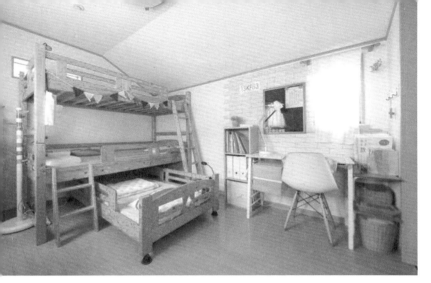

三姐弟共用的儿童房，空间的分隔非常有技巧

本村惠女士说："上中学二年级的大女儿、上小学五年级的大儿子和上小学三年级的小儿子，3个孩子共享的空间只有约1.62m²。因此我使用三层上下床，以充分利用空间。桌子上放着3个孩子的学习用品，用颜料盒把各自的空间明确地隔开。在只有约1.62m²的收纳场所，放着一系列孩子共用的玩具和有纪念意义的物品。衣柜内用壁橱的隔层分开，充分利用空间。"

物品都放入箱子里，桌子上毫无杂物

值松亚金女士说，可以把体积特别小的物品都放入抽屉箱子里，把体积微大一点的物品随意地放入层架上的盒子里。这些盒子按一下"咔擦"一声就能打开，使用起来很方便。如此一来，孩子就能自在地使用宽大的桌子了。我选用半透明的箱子作为这个空间的收纳用品，并在上面再贴上让孩子容易理解的标签

把物品归拢在三步之内能拿到的空间里！餐厅一侧的空间专门用于收纳孩子的学习用品

会田麻实子女士说："孩子习惯在餐厅里学习，因此我把孩子的收纳用品都放置在餐厅的一角。我把孩子的衣物放进柜子里、书包放在柜子旁，并且把孩子的教材之类的学习用品放在吧台下。"

把上小学一年级孩子的学习收纳用品，放在起居室的一角

原田广子女士说，随着孩子新生活的开启，原田女士把起居室的一角布置成收纳孩子学习用品的场所，把原本放在这的物品挪到了别处。根据物品的量和使用方便程度，之后再看情况对该场所进行调整

## 学习用品

把起居室的收纳空间当作孩子私人的收纳空间

户井由贵子女士说，起居室的壁橱的拉门被拆除了，直接敞开可以收纳物品。壁橱内左侧放置孩子的玩具，右侧放置学习用品

把洗脸巾作为浴巾使用，收纳备感轻松！

十熊美幸女士认为洗脸巾无论是在洗、晾干还是收纳等各个方面都比浴巾用起来更方便，并且即使在小型的盥洗室也能轻松使用

# 毛巾

根据使用的场所和用途，决定毛巾的颜色和数量，这样收纳管理起来会很轻松

田所励子女士把毛巾根据不同的颜色和用途分别收纳。根据毛巾的用途，选择毛巾颜色。如此一来，家人取放毛巾都变得非常便利了

# 盥洗室（WASHROOM）

**在选用浴室内的各类用品上花心思，充分利用空间**

毛巾、换洗衣物、洗漱用品等在盥洗室里使用的物品意外地多，因此要多花心思选用便于整理收纳的用品，以充分利用空间。

把洗衣机的附属品装在文件盒内，刚好可以卡在死角的间隙处

原田广美女士在死角处的空隙放置了尺寸刚刚与之相匹配的文件盒。盒内存放着偶尔会使用到的挂衣架和洗衣机的附属用品

# 洗衣篮

家庭成员人均拥有一个洗衣袋。家人可以按照各自的要求洗衣服

森下纯子女士说："我的儿子们正在读大学，平日里打扮得都很时髦。为了迎合他们个性化的穿衣风格，我决定把家人换洗的衣服都放入他们各自的洗衣袋里。这样，儿子们就能安心地换洗自己的衣服了。"

洗衣篮刚好能放入洗衣机内，大小刚好合适，非常节省空间

松居麻里女士优先考虑打扫的方便性，把容易随手放在地上的洗衣篮放进洗衣机槽内，大小正好合适！洗衣房整体外观也非常整洁

# 活用空间

使用晾衣竿，盥洗室巧变室内烘干室

吉川圭子女士用不锈钢伸缩杆和晾衣专用零件组装了一条横穿于盥洗室内的晾衣竿，这样大大升级了这个空间晾衣服的功能性

把替换的衣服放在折叠椅上，超省空间！

因为不想在地板上放置椅子，所以松居麻里女士在墙壁上安装了一个折叠椅。这个折叠椅用于放置替换衣服

洗脸槽下的管道很碍事，可使用"コ"字形收纳架，它非常好用

原田广美女士根据洗脸槽下空间的大小，放入经调整过的、大小与之相匹配的"コ"字形的基础款收纳架。这样，这个空间的收纳功能大大提升了

为了区分换洗衣服，可以把衣服按类别分别放入套有洗衣袋的硬纸袋中（参见左图四四方方的硬纸袋）

都筑暮亚女士把孩子的衣物和细软的大人衣物等进行分类，并把分好类的衣服直接投入套上洗衣袋的硬纸袋中，硬纸袋就放在收纳架上

# 玄关（ENTRANCE）

## 根据不同的生活方式，可使用不同的收纳方法

根据家庭成员构成和生活方式的不同情况，应改变收纳的物品和收纳方法。

**使用薄的鞋架，大的鞋子也放得下**

田中佐江子女士说，进深为 30cm 的起居室收纳架，用于收纳鞋子。这个鞋架可以容纳大约 40 双鞋子。平常用布遮挡，鞋架就能保持美观

### 吊柜

**"挂着收纳"，充分利用空间**

秋山阳子女士在门的内侧，挂一个小盒子，里面放着收快递时需要使用的印章。把在玄关使用的扫帚和容易缠绕的跳绳等都挂在门内的挂钩上。太阳伞的位置也是固定好的

### 鞋

**替换鞋子的诀窍！这样的收纳方式很符合"雪国"（日本）的国情**

户井由贵子女士说，随季节变换，鞋子更换的速度也很快。每双鞋子分别放入不同的托盘里，这样无论是对于常用鞋子的摆放位置还是暂时使用鞋子的摆放位置，拿取起来都很方便

**把不要的广告宣传单放置在玄关处，届时再处理！**

会田麻实子在玄关的收纳空间内设置了旧报纸回收站，不要的广告宣传单立即投入这里

**出门必备的物品全都归纳在玄关处**

香村薰女士说，玄关处的较大收纳空间内没有放置鞋子，而是收纳着一些出门时容易忘带的小物品。孩子也把他自己的外套放在这里

### 广告宣传的处理方式

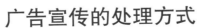

玄关是物品购入时的入口，斋藤女士索性就把刚购买的物品收纳在这里

斋藤纪伊女士说，因为家里的日常生活用品都是从网上买的，所以在收货时就直接在玄关处拆掉包装，并把它们直接放进储备物品的收纳空间内

### 存储场所

### 出门必备物品

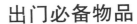

## 信息栏

### 小型办公室

**把餐厅的一角当作工作区**

田所励子女士说，她家用的是"宜家"系列家具，工作用具简便地收纳在这个餐厅橱柜的抽屉里。办公用的椅子也可用作餐厅椅子，餐厅桌也可被当作工作台。把工作用品的抽屉与用餐用具的抽屉分开，家人用到的文具都置放在这里

**把从学校带回来的通知单都放在一个地方，这样一目了然**

值松亚金女士把日常用品、书等都放在起居室的信息专属收纳场所，把孩子从学校带回来的通知单等资料都贴在柜门里层

# 家用办公室（HOME OFFICE）

## 资料的整理方法

无论是否把没完成的工作带回家，我们还会把其他与生活相关的资料带回家。只要确定好资料整理方法并活用它，就可以整理好资料了。

### DVD

**采用取放方便，能立即录制和看到影碟的收纳方法**

服部广美女士说："对于录制好的DVD，我用不织布（又称无纺布）盒子区分不同节目。我以写标题纸条的方式，简单地收纳DVD。家里常备新上市的DVD影碟。比起把新品好好地保管起来，不如把它们摆放在抽屉前面方便随手拿观看。"

## 图书管理

**只需瞥一眼就知道文件夹里装着什么资料，把每一个文件夹区分开**

伊藤牧女士认为，对于总是说"文件夹好麻烦"的人来说，这种分类明确、只需夹住资料的文件夹最适合不过了。即使不取出这款文件夹里面的纸张，也能确认里面装的是什么资料

**用文件夹可轻松管理资料**

秋山阳子女士用文件夹管理资料。她把学校活动的资料夹入文件夹，并按月份做文件夹的索引。文件夹里只夹孩子从学校带回来的通知单。这样孩子自己也能翻看信息

### 贺年卡

**通常，会田麻实子把一年的贺年卡随意地收纳。需要保管起来的贺年卡则放入文件夹内**

会田麻实子按年份把贺年卡分别收纳于价值100日元的贺年卡整理盒里。更换新旧卡片时，她只把需要保留的、有纪念意义的贺年卡放置在文件夹中

**不用整理贺年卡！除旧换新的收纳方式**

中村佳子女士说："箱子内的卡片的索引卡是我用纸片手工制作的，用以对贺年卡进行分类。箱子里只能收纳三年的贺年卡。扔掉存放超过三年的卡片，如此循环替换。"

**合成树脂制的储物箱，可放置在浴室里**

十熊美幸女士在洗衣机和墙壁的缝隙里放入了连接洗澡水用的胶皮管，且在另一个家具和墙壁的缝隙内放入装了脚轮的体重计。浴室内的合成树脂质储物箱牢固又结实，即使水溅到上面也不碍事。箱子里放入不定形或重的物体都没问题

# 收纳用品（STORAGE）

## 收纳用品 & 贴标签的技巧大集合

"分类"和"贴标签"是规划整理专家讲师需要掌握的不可或缺的技巧。以下收集了易仿效的技巧。

## 文件盒

**纸质的文件盒可裁剪后再使用**

在物品与抽屉的深度不能完全吻合的情况下，中村佳子女士把纸质文件盒削剪一部分后再使用

**斜切面文件夹的优点在于两面可灵活使用**

国风典子女士认为，斜切面的长方形盒子的优点在于一面"可以看见"，另一面"不可见"，人们能灵活区分两面使用

**在分隔抽屉空间的情况下，建议竖着收纳物品**

森下纯子女士用长方形的文件盒把抽屉分隔开，把烹饪器具竖着收纳。把这些大的器具分开、独立收纳，非常合适

## 收纳用品的选择

**仅花 100 日元就能买到带盖子的箱子**

秋山阳子女士说，用 100 日元就能买到的带盖子的箱子，一共有三种经典款，并且箱子能堆叠起来收纳。尺寸稍大的箱子用于保管存货，尺寸小些的则适合放入临时性的物品，搬运携带都很方便

**比起专用的收纳用品，可以长久使用的才是最合适的收纳用品**

佐藤美香女士在选择收纳孩子的收纳用品时考虑了很多因素，例如"能置于缝隙""带轮子且方便""可多次使用""追加购买"等。基于以上因素，她决定买"NITORI"的床下收纳盒。选择收纳用品时也要考虑可以长期使用

## 贴标签

**数字标签适用于随意收纳**

对有些物品的分类，做不到过于细致，标签名也无法明确时，秋山阳子女士选择用数字做标记

**使用胶带和手绘可以花费最少的时间**

白石规子女士说，她把物品分好类后，接下来只需用到胶布和笔马上就能做成标签了！届时贴换标签也很简便

**用白色马克笔在玻璃瓶上书写，笔体非常的美**

玻璃制造的调味料瓶标签上的字是用白色马克笔写的。十熊美幸女士用无水酒精或除光液（除光液指去除光液，如洗甲水，其主要成分为丙酮），就能轻松去除笔迹，使用起来非常简便

**图书在版编目（CIP）数据**

高效生活整理术：规划整理专家的教科书 / 日本主
妇之友社编；王菊，苏杏华译. —哈尔滨：黑龙江科
学技术出版社，2018.5
　　ISBN 978-7-5388-9587-2

　　Ⅰ.①高… Ⅱ.①日… ②王… ③苏… Ⅲ.①家庭生
活—基本知识 Ⅳ.①TS976.3

中国版本图书馆 CIP 数据核字（2018）第 057407 号

**高效生活整理术**
GAOXIAO SHENGHUO ZHENGLI SHU

作　　者　[日]主妇之友社
翻　　译　王　菊　苏杏华
项目总监　薛方闻
特约策划　吕　　剑
策划编辑　郑　　毅
责任编辑　郑　　毅　马远洋
封面设计　新华环宇
出　　版　黑龙江科学技术出版社
　　　　　地址：哈尔滨市南岗区公安街 70-2 号　邮编：150001
　　　　　电话：（0451）53642106　传真：（0451）53642143
　　　　　网址：www.lkcbs.cn
发　　行　全国新华书店
印　　刷　天津盛辉印刷有限公司
开　　本　787 mm×1092 mm　　　1/16
印　　张　6
字　　数　150 千字
版　　次　2018 年 5 月第 1 版
印　　次　2018 年 5 月第 1 次印刷
书　　号　ISBN 978-7-5388-9587-2
定　　价　32.00 元